人生岂能辜负

翻转命运的 **66** 个关键词

田定丰 著

东方出版社

目录 Contents

PART **1** Who Am I

无论自认多平凡，从决定独特的那刻起，就开始认识自己

文 / 吴克群

每个人的生命中都有一些关键词和关键的时刻，当我们身在其中的时候，我们不会发现自己就站在人生的关键点上！但有一天，把我们的人生拉成一条长长的线来看——你会发现，有那么几个重要的转折点造就了现在的我们！整个人生的图像就因为这几个点而画下了轮廓！当然，在那样关键的时刻，也总会出现那样关键的人物。

我从来都不是一个一帆风顺的人，第一张唱片没有一飞冲天，而之后的生活，更不像大家想象的艺人一般五光十色，反而是积欠了十几个月的房租，每天吃泡面或是一碗卤肉饭当三餐！连圣诞节都不敢和朋友出去玩，因为知道自己付了上台北的公车钱，就得从台北走路回板桥了——当时我穷得只剩下"时间"！每天抱着吉他写歌，却怀疑到底有没有人会听见！（除了我那个也穷到快要被鬼抓去的室友以外）

就在这个关键的时刻，我遇见了我当时未来的老板——田定丰！第一次见面，约在咖啡厅里，他讲听朋友说我好像有在写歌组乐团，他可不可以听听看我的 DEMO ？然后他戴着耳机听完我写的五首歌，我就静静的坐在那里紧张的揣测着他的表情变化，呼吸节奏，面对我人生中最长的二十五分钟。

拿下他的耳机，他开口说的第一句话："你有没有兴趣，做一张专辑全部是你自己写的歌？"当时，我就蒙了！心里想，到底是幸福来得太快，还是我遇到了诈骗集团？（其实我一直到半年后电台开始播放第一首主打歌《吴克群》之前，我都觉得他是诈骗集团！这个请千万不要跟当事人说。）

后来我才知道，当时是他最失意的时候，也是他想要东山再起的关键时刻！他把所有的家当都赌在我的身上，尽管身边所有的人都告诉他我不可能！都告诉他别把心力浪费在我的音乐上。但只有他，相信他听到的那二十五分钟！他相信那是会发光的东西，他把他剩下的所有赌在一个一无所有的人身上！这不是疯狂，那什么叫疯狂？

因为这样的疯狂，改变了我的人生，让我人生的曲线有了第一次向上狂飙的机会！也让我的音乐有第一次大口呼吸的机会！但是这只因为他疯狂吗？他真有那么笨吗？还是，他看到了其他人没有看到的东西？他看到了我心中坚信不疑的东西。

人的一生当中，总会有一些关键的人，关键的词足以改变你的一生，他当初改变了我，甚至拯救了我，现在，让他用文字给你刺激，让你的人生有一次向上狂飙的机会吧！

还在继续疯狂的

克群

文 / 谢文宪

　　我的首次电影包场献给了《志气》，电影结束后，我立刻与张柏瑞导演说："瑶瑶会得金马奖。"隔天我主持台北国际书展，为景美女中拔河队推出的新书加持，瑶瑶当天也出席，我把这事告诉她。当年她真的得奖了，瑶瑶转型成功，幕后的推手就是定丰。

　　我参与某大企业的简报课程与竞赛活动中，有位帅气男生在简报大赛中遴选的题目，竟是畅谈他的前老板"丰哥"，一开始导师与学员都觉得这题目怪怪的。未料他用贴身相处经验与第三方的视角，诠释定丰待人处事的点点滴滴，台下认识或不认识定丰的朋友，几乎都落下了感动的眼泪，这也是我简报训练生涯中，首次在会场撑不住感动气氛而潸然落泪。该学员是定丰的前助理，最后夺下了简报大赛的冠军殊荣。

　　田定丰是一位营销专才，天分极高的艺术家，识人敏感度异于常人的能者，文字温暖具有超能力量的作者，个人品牌经营不同于常人思维的观察家，更重要的是他的谦卑低调，亲和慈悲，看似神人却是朋友眼中的一般人：丰哥。

　　看完定丰的新书后，他的故事根本就是一本当代励志小说，我试着归纳三个综合观察：命运的缺陷，艰难的目标，不断出现的纠葛与障碍。

　　定丰的成长背景、年轻时许下的奋发目标与愿望、攀登高峰后的转型与急流勇退、人生面对各种挫败与阻碍时的态度，不得不让我佩服，虽认识许多天王天后，却能永保赤子之心，不失单纯。

人生终究有三大遗憾：不会选择，不断选择，不坚持选择。定丰用两两一组对照的关键词句，侧重点不同的五大分类，辅以大量的亲身经验与故事，坦率揭露人生纠葛与障碍，提供给读者们以"行动"为基础，翻转命运为目标的勇气，这本书也会是您翻转命运的关键书籍，宪哥诚挚推荐。

（本文作者为知名企管讲师、《商周》与《苹果》专栏作家、畅销书作家）

推荐序三　二十年唱片界奋斗路，引领你拥抱梦想

文 / 陈泽杉

看完了定丰写的这本书格外有感触，仿佛我也掉进了回忆的漩涡，犹如我们是同班同学，共同经历了那唱片业最辉煌的时代，动辄专辑可以卖破好几十万张的白金时代，翻着书就像翻起相簿，历历在目！

回想起我自己，亦是 18 岁就毅然决然离开家乡台南，我的父亲理解我，让我放心去追逐我的梦想，因为我热爱音乐，看着电视机里歌手唱歌的模样，我对唱片圈有着满满的憧憬，一直不放弃找寻可以踏入这行业的可能，最后我成功了，我如愿以偿从一个小小助理做起，有幸能到现在这个位子！定丰跟我就是在那个美好时代下孕育出了现在的成就，我们不放弃，不在乎微薄的薪水是否足够支撑起生活费，莽莽撞撞的辛劳只为了离梦想更近！

很高兴定丰出了这一本书，当他邀请我写序时，我毫不犹豫就答应了，因为我深深知道完成这本书是有多么的费心与费神！

所以分外感谢定丰不吝啬不藏私地分享出这些故事，用"关键词"描绘出人生和职场的应有态度，不单单只适用于唱片圈，放眼望去数以万计的行业，每个职位、每个时代努力追求梦想的年轻人，都可以从这本书中受益良多！定丰用丰沛的文字刻画出他近 20 年来在唱片业的奋斗过程，不仅真真实实的案例告诉大家什么是营销模式、如何商业操作打造一份完美的作品；更重要的是人生态度决定了你这一生的高度，相信看完了这本书，每个人都能满载而归，找到引领梦想的路途！

（本文作者为华纳唱片大中华区总裁）

推荐序四　通过文字的力量，鼓舞更多的年轻生命

文 / 许茹芸

　　缘分是上天赋予人和人之间，很微妙的一种联结方式。

　　两人的缘分，将驶向何方，看你当时用什么样的心情来相应，进而决定这段关系的情感方向。

　　和定丰初相识的时间点，两人都深陷在一种奇怪又不稳定的磁场里，各自煎熬在自己的角色中，就像两根尖尖的刺，生怕刺伤对方，于是用伪善来保持表面的礼貌，却因此造成彼此更大的误解与距离。

　　1999 年，第一次面对唱片公司并购的风暴，对于当时年仅二十四岁的我，又是初次来到这真实的社会大学，真的不知道该如何面对这突如其来的转变，感觉自己就像是一个突然被父母遗弃的小孩……

　　那时候的心，很慌乱，感觉受到了很深的伤害。

　　回想当时的我们，其实就是两个在外面世界受了伤的小孩，因为心受伤了，而不知道该如何再去面对人和人之间的相处……

　　想起当时的自己，失去了信任的能力，失去了包容，最终失去了给予爱的能量。

　　很高兴我们在经历了这一连串不同阶段的成长之后，老天给了我们第二次的机会，让我们能够一起重修这堂关于"缘分"的课题。这一次，我们都带着不同的心情来认识彼此，放下过去的不成熟，用"心"来重新感受真实的对方，慢慢的，你会发现，那些过去的伤口，就在这一次一次的能量转换中，渐渐得到修复，你会明白，那些过去因你受伤而失去的能力，其实它不是真的失去了，它只是被锁进了我们的

身体里，又因这一次一次的能量转换后，进而得到释放。

我们的心，渐渐拾回了能量，拾回了爱，拾回了希望。

很感恩我们能有这样的机会，幸运地转换了彼此在生命中缘分的能量。

看着他在文字里分享着每个阶段成长所赋予他在往后人生中不同的意义与使命，真的很为他感到骄傲；同时也很替他开心，在这新的领域中，找到了一片属于自己自由翱翔的天空。

亲爱的定丰：

真的很喜欢你的热情，你的温暖；欣赏你的理性与感性，你的乐观与正能量，你的勇于尝试与创新，当然还有你的孝顺与善良……

身为你的朋友，真的很幸福！

谢谢你愿意给我一个重新认识你的机会，也谢谢你让我重新认识我自己……

希望你往后继续用文字的力量，来感染更多年轻的朋友，让他们有机会明白，知道该如何面对及整理自己在不同阶段的状态，进而找到最终的人生方向。

一起加油喔！亲爱的～

你永远的琇琇

缘起 66个关键词，翻转自己的命运

"瑶瑶，我觉得你会得金马奖。"2012年郭书瑶主演电影《志气》，在电影首映后，坐在她旁边的人这样告诉她。

"怎么可能啦，我不可能啦……"瑶瑶其实不太有自信。

来年金马奖颁奖典礼揭晓的那一刻，预言果然成真。这位预言家，就是种子音乐的总经理田定丰。

以《杀很大》电玩广告蹿红的瑶瑶，自从和种子音乐签约，成为旗下艺人之后，就像灰姑娘坐上南瓜马车一般，彻底改头换面。

种子音乐，叫瑶瑶把衣服一件件地穿回去，冒着得罪媒体和制作单位的风险，推掉许多迅速赚钱的机会，包括各种展露身材的代言和广告。不但如此，还为瑶瑶出唱片，争取偶像剧的演出，让大家看见，瑶瑶是个率直、纯真的可爱女孩，更进一步踏入电影殿堂。

瑶瑶的成功不是侥幸，除了她本身的努力之外，大胆的形象重塑和营销定位，更是功不可没。幕后推手就是田定丰。

其实定位演员，并不是田定丰的主场演出。在流行音乐界叱咤20多年，他发掘歌手的本质，不但让当红的更亮眼，更让大家原先都不看好的艺人大放异彩。

红遍两岸的创作歌手吴克群，本来是个18个月付不起房租的"一片歌手"；"情歌王子"张信哲，当年差点走不出当兵魔咒；"动感歌后"温岚，才华一向未获得相应的肯定。在田定丰的重新定位之后，这些艺人都成功翻转。

天后级的畅销歌手，田定丰也为她们赋予新的意义。"东方不败"

张清芳，"新音乐女王"黄莺莺，当年脍炙人口的称号，到现在媒体还是不时会引用。

和许茹芸那场轰动的"假结婚"，更是一项营销杰作。到现在随便 Google 一下许茹芸，都会跳出"老公田定丰"的信息，可见"后遗症"多么厉害。

流行音乐界的营销金童，是不是个天赋和出身都傲人的天之骄子？

不是的。他出身弱势阶层，从小不但经常饿肚子，还生活在父亲的暴力阴影中，几番濒临死亡的边缘。他的学历不高，却靠着一份坚持和企图心，打造属于自己的一片天地。

从 20 岁到 30 多岁，田定丰一路"风光"，迅速爬上事业的巅峰，成为唱片公司总经理；又迅速跌落谷底，成为身无分文的"两光"卡债族；30 多岁到 40 多岁，田定丰找到大陆市场新契机，卷土重来，再度"发光"，攀上成功的阶梯。

从"风光"到"两光"，到再度"发光"，短暂的失败为一道分水岭，前十年和后十年，呈现截然不同的成功人生。前者像猛虎出于柙，后者却有智者的圆融。

现在，田定丰在种子音乐最好的时候选择放下，借着摄影和旅行，和自己对话，开拓第二人生。

两段成功的经验，从失败中奋起的历程和放下光环，攀登另一座大山的勇气，都提供给职场新人、年轻主管或想开启生涯第二春的资深职场人思考的空间。

"我从来不认为自己有多成功，只是从未放弃。与其呈现曾有的风光，毋宁剖析我从失败中站起来的心路历程。对于面临挫败或身陷瓶颈的人，我想用自己的故事鼓励他们，绝对不要放弃，也不要失望。这些苦我都尝过，我走过来了，你们如果愿意，一定也可以。"

田定丰最想分享的，是职场中应有的态度。他认为，态度胜过任何能力，态度好，职场成绩单就是一百分。在工作的过程中，他也曾犯错，希望自己的惨痛教训，能够提醒大家避开职场"地雷区"。

这本书，缘起于一封 Face Book 讯息（节录）：

丰哥好：

自看到您的第一本书起，即自动地投身到您的粉丝大军。

您横渡浊水溪，来到高雄讲演，小粉丝也慕名前去。丰哥多次提到唱片业里的营销模式以及商业操作，因此，小粉丝想请问丰哥是否有出版关于营销、企划方面书籍的计划？

如果您有这样的计划，请原谅小粉丝过分的殷切盼望；或者您并不愿意出这类型的书，那请容许小粉丝为天下苍生请命。丰哥本身有丰富扎实的业界经验，这些宝贵的经验正是我们这些初入社会的新人所匮乏的。此外，现行出版的经管书籍，罕见像丰哥文人式的笔触，由此便可看出很鲜明的差异。

小粉丝渴望这类型的书，就如同美浓阿嬷薪火相传急切的心一样……

小粉丝的渴望，与田定丰分享回馈的初衷，相互映照，成就了出版的因缘。而我们要分享的，不只是他见人所未见的直觉和直觉背后的独特定位学，还有在他精彩人生中淬取出来的"关键词"。

这些关键词两两成对，在他的人生旅程中，有时剑拔弩张，有时却难分难舍。如同从小到大常在他心中对话的两种声音。这些两两成对的关键词，在"攻防"中塑造了如今的他。

"这不只是属于我的人生关键词，也是每个人在 20 岁、30 岁、40 岁可能面临的选择和挣扎。希望我的故事就像一支支的火把，可以带领读者，照见自己，在每次的人生关口，找到出路……"

本书分为五个 Part，分别为"Who Am I""You And I""To Do""To Rule"和"To Change"。五扇门，五种面向，等待读者去开启。

01
Who Am I

无论自认多平凡，从决定独特的那刻起，就开始认识自己。

了解自己的本质，才能找到自己的定位，确立努力的方向，但过程并非一帆风顺。只有不断地冲撞，尝试错误，才会明白"Who Am I"。

1 从众 vs. 独特

追求梦想，最重要的是认识自己

在一个偶然的机会，看了林书豪①的纪录片。那是"林来疯"之前，他一次又一次的坐冷板凳，甚至连上场的机会都没有，就被球队给转卖了。他在不断被打击和受挫中，满怀失望却不放弃。

脑海中场景切换，我联想到前阵子新闻台播报，某家餐厅打出买一送一的广告，吸引消费者大排长龙。"饥饿营销"的手法奏效，部分抢不到好康②的消费者却在现场大打出手，成了广为人知的新闻事件。

两件不相干的事，却在心中不断交错。反复思考，大排长龙的消费者，真的了解他们付出大量时间取得东西的价值吗？会不会其实他们连自己人生要的是什么也不知道？

在被台湾日渐窄化的媒体引导下，是不是每个人只在"小确幸"③中自我安慰或随波逐流，而忘了曾经梦想的初衷？也许，我们不能像林书豪那样创造奇迹，但难道不能活出独特的人生？

要活出独特的人生，要先知道"Who Am I"。

---

① 林书豪：美国职业篮球运动员，司职控球后卫，曾效力于美国职业篮球联赛（NBA）多支球队，现效力于夏洛特黄蜂队。
② 好康：闽南语语境中，多作形容词"好""幸福"使用，在台湾地区还用来特指一些商家的优惠、促销行为，或者赠品。
③ 小确幸：微小而确实的幸福。出自日本作家村上春树的随笔，由翻译家林少华直译而进入现代汉语。

不认命的黑手学徒

将人生倒带回转。

十六岁时，我是一个黑手①建教②高中生。但是从不认命自己只能当个黑手，因为我有一个音乐梦。

虽然高中上第二志愿绝对没问题，还是选择就读大安高工机械科③。当时我们三个月在校上课，三个月在制罐工厂工作，每个月可以领三千元，是一笔不小的收入。

工厂的作业环境单调，但必须全神贯注，否则就惨了。我曾亲眼目睹学长恍神，活生生轧断一只手。

我不喜欢机械，更怕变成独臂怪客，但因家庭环境的关系，我必须赚钱，赚得愈多愈好。赚得愈多，就能帮助终于挣脱可怕婚姻的妈妈减轻负担，帮忙拉扯弟弟长大，甚至离暴力老爸愈远愈好。虽然知道老头子无事就会回来要钱，有几次还把妈妈拉下水，差点害妈妈惹上官司。

苦闷的青春岁月啊！只有在音乐中，我才能得到救赎。

从很小的时候开始，我存零用钱，就是为了买卡带。一个一个硬币慢慢累积，就可以实现一个小小的希望。我常常躲在棉被里，一遍又一遍地听卡带，音乐让我逃离了不堪的现实，医治抚慰我伤痕累累的身心。

---

① 黑手：台湾地区对蓝领阶层的谑称，因为工作的时候会接触到机械上面的油渍常常会把手弄得很黑，故称黑手。
② 建教：指合作教育，职业学校、附设职业类科及特殊教育学校，与教育事业机构合作，以培育学生职业技能为目标的教育机制。受该类机构培训、教学的学生被称作建教生。
③ 大安高工机械科：台北市立大安高级工业职业学校。

在高中建教班，每月好不容易积攒下来的一点钱，我也都拿来买卡带。听着听着，心中音乐的火种继续燃着，不被现实浇熄。

当时，我莫名其妙地被选为班长，和淑玲谈起纯纯的爱，还有几个换帖好友，大伙笑闹打屁，一起听音乐。

记得有好几次，我不管妈妈质疑的眼神，和淑玲待在房间里，一副耳机一人用一边，陶醉在歌曲中。这些当红的歌手，替我们唱出了喜怒哀乐，标记着我们苦闷懵懂又暧昧的青春岁月。

我的梦想，也在懵懵懂懂中开始飞翔。但这个梦想，我一直没有说出口，因为对我身边的人来说，太不切实际了。这个梦想是：我想成为一个会创作的音乐人，打造拥有很多歌手的王国。

嗅出自己的独特

潜藏的音乐梦，偶尔要让它透透气，否则就闷坏了。光听音乐已经不能满足我，于是我开始兴致勃勃地写乐评，描述对歌曲的感受，大胆预测歌手可能的走向和定位，发表欲按捺不住，我不知天高地厚地将评论文章寄到滚石、飞碟等唱片公司和各家杂志社，结果当然是石沉大海。

"要从事音乐工作，怎么可能嘛？我是黑手耶，就算再去读五专，也是黑手啊，哪有机会做音乐？"我常常在心中这样自问自答，不停地挑起希望，又不停地否定自己，但音乐的种子已经深深地种下，等待将会出现的萌芽。对流行音乐的感受相当丰沛，就像一股股的涌泉，每听完一首歌，就不停地冒出来。只有不停地写，不停地寄到唱片公司和媒体，心中的激动才能找到出口，不至于泛滥成灾。

当年飞碟旗下的歌手苏芮，以《一样的月光》①等歌曲，在流行乐坛刮起一阵旋风。在写给飞碟唱片的乐评中，我毫不掩饰对飞碟在塑造艺人方面的激赏：

高亢的嗓音、痛苦表情和中性外表，神秘氛围深深攫住听众的心。唱片公司成功地突显了歌手的特色，席卷市场当仁不让……

除了看法和分析，我还兴致勃勃地对各个唱片公司提出建议，意气风发无所畏惧的年少岁月呵。回想起来，这不就是未来营销定位能力的起源吗？

虽然一封封信都石沉大海却不改其志，我凭借的不只是一股不认命的傻劲，更来自于嗅出自己的独特。

从高中时期开始，作文课就是我最重要的挥洒舞台。我的作品常被老师拿来当众朗读，或是贴在公布栏让大家欣赏。至于我费心撰写的乐评，只有淑玲和换帖兄弟②拥有阅读的特权。

"阿丰，你还会写这种东西啊，很厉害喔！"从老师和好友们的肯定中，我渐渐相信，想从事音乐评论相关工作，并不是不切实际的空想。

虽然如此，被生活压得喘不过气的妈妈，还是觉得我根本在做梦。

凭着黑手建教生的一点薪水，我从家中搬出，自力更生，从此便主导自己的人生。

---

① 《一样的月光》：台湾 1983 年出品，后获得金马奖的歌舞电影《搭错车》中的插曲。由吴念真、罗大佑作词，李寿全作曲，著名歌手苏芮演唱。
② 换帖兄弟：没有血缘关系的人结为兄弟姐妹，以磕头换帖、同饮血酒、对天盟誓的方式结为兄弟姐妹。现多指情谊极为深厚的朋友。

毕业后等待当兵的两年期间，一心想赚钱，拉过保险，在餐厅端过盘子，到三温暖①折过毛巾，甚至在街上兜售英文教学录音带（其实我的英文很菜②）。

"要吃头路③，就要懂得赚钱，像我一样，不然就是捡角④，没出息啦。"阴魂不散暴力老爸常念叨的话，在我的心头阴魂不散。

"我一定要赚很多钱给他瞧瞧，但绝对不要变成跟他一样。"我暗暗地发誓。

打零工的日子里，被生活的压力追着跑，但是心中梦想的光，却一样明亮。

追求梦想，最重要的是认识自己。第一步，先找到自己的热情，第二步，确认自己在有兴趣的事物上具备能力，第三步，坚持去做，不要因为自己的出身妄自菲薄，也不要从众，被别人的看法所左右。

由我从小的坚持，反观现在的年轻人。很多人只会盲从，不知自己未来要做什么，或是怨叹自己命不好，没有好野人⑤老爸。但我是黑手的命，谁会想到我日后会成为一位音乐工作者呢？如果当初跟多数同学一样，安安稳稳地当一名黑手，收入也会不错啊！但我愿意不断挑战自己，走出一条和大家不一样的路。

正在职场起步的年轻人，你也可以。

---

① 三温暖：台湾地区把桑拿称作三温暖，为兼顾芬兰语原词 Sauna 的音意结合翻译。
② 菜：台湾俚语指水平低，不能使人满意。
③ 吃头路：做工作，多指极为辛苦收入却不高。
④ 捡角：台湾俚语，指成天游手好闲，无所事事的废物。
⑤ 好野人：台湾俚语，指有钱人。

关键词辞典

1. 从众——就失去挑战自己的机会。

2. 独特——决定独特，就要勇敢追求自己的梦想。

2 冲撞 vs. 修正

愿意冲撞是好事，但也要懂得不停修正

当兵前两年打零工的日子，音乐的梦想遥不可及。但梦想是按捺不住的，它催促着我不断地找出口，不停地冲撞。初生牛犊不怕虎，完全不懂行规的我，真的误打误撞让人眼睛一亮，却也不小心踩到了音乐圈的红线。所幸，冲撞之后，我愿意虚心修正，及时地化解危机。如果我自我膨胀，得罪了人，那么好不容易抓住的机会，可能就轻易溜走了，也不会有今日的田定丰。

记得当时，我不时翻看报纸，找找看有没有更接近梦想的工作机会。有一天，一则招聘广告跃入眼帘——"《自由谈》杂志征求采访编辑，有经验佳。"我决定试试看。

拿出最好的作品，敲开职场大门

这是一家小型杂志社，但是我并没有掉以轻心。

应征前一天，我跑了几个市场兜售录音带，口干舌燥腿发酸。回到住处，没有时间休息，又忙不迭地翻出从高中时期开始写的厚厚一叠乐评。最早的青涩文章让我读得脸红尴尬，渐渐地，我看到自己的进步轨迹，最后，终于看到几篇较满意的，我慎重地挑出两篇。

"这两篇乐评，将成为向梦想推进的敲门砖……"我这么告诉自己。

在社长办公桌前正襟危坐，紧张地盯着正在读我的文章的社长，等待的那几分钟，就像一个世纪那么长。

社长终于抬起头，面无表情地丢了一句话："你去采访陈淑桦吧。"

"陈淑桦！"我张口结舌，她可是国语歌坛的天后耶。虽然对她的每首歌如数家珍，但是职场菜鸟的我，竟然被指派采访，真是太不可思议了。

我想，被指派采访陈淑桦，可能是乐评获得青睐。或者，社长也可能借着这项棘手的任务，测试一下我的能耐。我要紧紧抓住这个机会。

职场新鲜人求职，拿出的作品不必以量取胜，但要秀出最好的。过去点点滴滴实力的累积，面试时，就是见真章的一刻。

年轻、努力和真诚 赢得天后的心

接到指令当时，我脑中第一个反应是，也许可以通过卡带背后唱片公司的电话来联络。

"您好，我是《自由谈》杂志的实习记者田定丰，想要采访陈淑桦……"

"你等等……"

电话转了又转，最后只听到"嘟嘟嘟……"，然后就断了线。

此路不通。怎么办？答应人家了，做不到就糗了。我不想放弃。我告诉自己，电话应该是转接过程不小心断线了，鼓起勇气再拨打一次。

这次，电话接到了宣传部。一个声音听起来很急促的女生，问我是什么杂志？

当我心虚小声地说出这个名不见经传的《自由谈》杂志时，电话那头又传来嘟嘟嘟的声音。我知道这次真的被拒绝了。

不，不能打退堂鼓。这不是靠近我梦想的第一步吗？我挠头努力想办法。

当时是1986年，配合台北圆山动物园①迁移到木栅②，滚石唱片举办《快乐天堂》跨年音乐会，地点在中华体育馆③，原址在现在的小巨蛋④对面。音乐会的前几天都会彩排，我决定碰碰运气。

到了中华体育馆现场，只见工作人员忙进忙出，没有人理我，于是我顺利地溜了进去，除了舞台上正在彩排的歌手和五光十色的灯光，偌大的台下一片阒黑，零零落落地坐着几个人。我睁大眼睛，一排排寻找，发现许多我认识的歌手正在台下等彩排。我掩住内心的兴奋和紧张，远远看见陈淑桦静静地坐在一角，身边竟然一个人也没有，我慢慢地走过去，紧张兴奋地递出了名片。

揉了一下眼睛，很怕是自己眼花。到现在，还记得开口第一句话的结结巴巴。没想到她非常亲切，一点架子也没有。我像个普通歌迷一样，喋喋不休地诉说听了她的经典歌曲的感动。

---

① 台北圆山动物园：建立于1915年，原址在台北圆山，1986年迁至台北市文山区木栅，隶属台北市教育局。全园占地约165公顷，号称"亚洲最大的动物园"。
② 木栅：台湾日治时期属于文山郡深坑庄的内湖。为防备生蕃袭击，建有木栅栏，因此得名。后与景美镇一同并入台北市，位于台北市东南。
③ 中华体育馆：位于台北市，已于1988年遭大火烧毁。
④ 小巨蛋：台北小巨蛋体育馆，台湾第一座国际性大型综合体育馆，位于台北市南京东路和敦化北路的交界口。2005年12月正式开幕。

"淑桦姐，我听过你每一首歌，像是……"

她很惊讶，没想到一个菜鸟记者知道得这么多。我好奇地问她为什么从四海唱片转到滚石，了解了两家唱片公司不同的环境和作风。我们聊得欲罢不能，她也畅所欲言，最后我甚至要到了淑桦姐家里的电话。

一家名不见经传小杂志的菜鸟记者，为什么可以轻易打开王牌歌手的心防？

除了不可否认的几分运气，更重要的是采访前做足了功课。当时找数据只有到图书馆，我翻着几年来累积的一份份报纸，把有关淑桦姐的报道一则则地影印下来。再加上我本来就对她的音乐相当熟悉，才得以牢牢抓住难得的运气，化成不可多得的机会。

另外，一般媒体采访艺人，通常带有目的性，希望艺人配合"演出"。才十八九岁初出茅庐的我不懂这些，只单纯地以一个歌迷的热情，兴奋地和心目中的偶像交谈。年轻、努力和真诚，出乎意料地使我赢得天后的心。

"你真的采访到了陈淑桦？怎么办到的啊？那么，再找她来拍杂志封面吧。"社长对我的表现印象深刻。

硬起头皮打电话到淑桦姐家，意外的是，淑桦姐竟然爽快地答应了。

约了淑桦姐到敦化南路①，请很有名的摄影师刘秉俭②帮忙拍封面照。滚石公司没有派人过来。

---

① 敦化南路：台北市著名的林荫道，诚品敦南店及琉璃工房等著名商铺在此区。
② 刘秉俭：著名摄影师，曾获世界摄影年鉴 A.D.I.P 推荐。

摄影棚是魔术师的大礼帽，小小的空间，却能变出千奇百怪的世界。看起来很假的布景，拍出来却很像一回事，让你前一秒置身夏威夷做日光浴，下一秒却到了北海道堆雪人。

刘秉俭要淑桦姐手这样摆、下巴这样抬、眼睛朝右看、朝左看。打光炫目，快门咔嚓咔嚓。我恍然忘了身在何处，奇幻的经历，好像一场梦。

更奇妙的是，从邂逅的第一天起，淑桦姐就把我当弟弟看待。往后音乐职业生涯的许多关键时刻，她常出手帮忙，是我一辈子的贵人。

日后，有一阵子我在她伯爵山庄①的家附近租房。

"阿丰，吃饱没？来家里吃吧。"淑桦姐常邀请我到她家里做客，她的妈妈也对我很好。

某次出差前，我把心爱的鱼缸搬到她家，拜托她照顾，淑桦姐二话不说就答应了。

年轻、努力和真诚，真的是职场菜鸟的通行证，而且，可能让你一辈子受用不尽。

不小心破坏了行规，靠道歉化解

杂志出刊了。

铃铃铃……

一大早，社里的电话催命似的响起，原来是滚石唱片打来兴师问罪的电话。

---

① 伯爵山庄：台湾豪宅聚集小区。

过去，歌手的经纪人通常都是歌手的妈妈或家人。滚石和飞碟成立之后，流行音乐界开始转变，艺人的宣传、经纪和营销，都要通过唱片公司，开启了崭新的时代。不懂行规的我，不小心搭了直达车。虽然在杂志社立下了大功，却得罪了滚石。

滚石唱片约《自由谈》的社长和我一起吃饭。社长告诉我，这是一个摊牌饭局，叫我要好好说话。怎么办呢？当时的我第一个念头就是，做错了就认错，除此之外，还能有更好的办法吗？

"对不起，我真的不懂，请再给我一次机会，以后我就知道该怎么做了。"

没想到，诚心认错反而赢得对方的肯定，觉得这小伙子虽然莽撞，却还算诚恳可爱。日后，不论是在《自由谈》，或者后来任职的《翡翠》杂志，我向滚石敲通告，他们不但不刁难，反而给我提供很多方便。

该认错时诚心认错，也是职场上的必备通行证。相对地，犯错时若态度不佳，很可能在初入职场之际迅速被封杀。

有备而来的大学生感动了我

多年后的现在，我到各地的校园演讲，看着年轻学子们晶亮的眼神，恍然看到过去的自己。

有一次，某位大学生提出问题，可以看出他事先做了许多功课，有备而来。后来他透过 Face Book 的讯息栏再度向我请教，因对他印象深刻，于是我花了很多时间，为他解答疑惑。

Face Book 上的讯息这么多，为什么特别重视这一则？理由就是这位大学生的努力感动了我。日后他若有艺术创作或其他的事需要我帮忙，我也会尽量协助。就像当初淑桦姐愿意帮助我一样。

另外，曾经听到艺文圈的人抱怨，有些学生写信或发讯息希望他们提供数据，但是忽略了礼貌，一副理所当然的语气。这些学生当然被拒绝了，可能到现在还搞不清楚为什么。

以上两个例子都是主动冲撞，前者有备而来，后者态度轻率，造成截然不同的结果。因此，年轻人愿意冲撞是好事，但也要懂得不停地修正自己，才能开创属于自己的独特未来。就像当年的我一样。

关键词辞典

1. 冲撞——主动创造机会，但事前要做好充分的准备。

2. 修正——冲撞不免造成擦碰，要虚心修正，免得机会从手中溜走。

3 蛰伏 vs. 跃起

你看的是此刻的薪水，还是十年后自己的价值

世界上，没有一步到位的梦想，有时得绕远路，或是暂时蛰伏，那是必经的过程。总有一天，我会再度跃起，到达梦想的彼端。

杂志社的工作使我如鱼得水，同时为了赚更多薪水还帮忙拉广告。退伍后才二十一岁的我，一个月包括薪水和佣金，有超过五万元的待遇，羡煞不少人。但为了更接近音乐的梦想，我选择了月薪一万四千元的工作。

为何甘于扮演小小螺丝钉？因为我给自己定位，以后要组成一部大机器。领一万四千元，眼光却着眼于未来十年的价值。

当年的我自问，不是一直想进唱片公司上班吗？难道因为这份收入就感到满足了吗？况且当时因为采访的关系，和许多唱片公司的宣传人员都很熟识，该为自己的梦找一个入口了。

蛰伏当个小助理，抓住入场机会

一位滚石的高层，刚接掌滚石传播负责电视节目的工作，向他提起希望有机会进入滚石。他说，唱片部门没有职缺，愿不愿意到滚石传播，但薪水很低喔，一个月只有一万四千元。

一万四千元！等于杂志社薪水三万五千元的一半都不到，更别提在杂志社还有广告佣金了。虽然我很想赚钱，也需要用钱，但想要从事音乐工作的欲望太强，远远强过金钱的诱惑。

我宁可先只拿一万四千元，也要追寻我从小不变的梦；我看重的不是此刻的待遇高低，而是长期的价值。

内心的声音，就像鼓，重重地敲着。那是梦想的声音，我知道，如果我刻意不听，只向三万五千元靠拢，它的声音会愈来愈弱，终究离我远去。

这是我入场的唯一机会。虽然离滚石唱片公司还有一步之遥，但至少，可以先进入滚石集团。相信我有能力，可以在很短时间内，让自己价值翻倍。

一开始，我只是滚石传播电视节目的执行助理。在台视①《周日发烧友》节目，帮忙招呼主持人、拉拉摄影师的缆线、搬运节目需要的道具。

徘徊低谷的我，看到出口处的一线光亮，尽管这个出口并不是我最想奔赴的地方。

除了例行性的琐事之外，我还可以做些什么，才能吸引滚石唱片的注意？回想过去在杂志社的经验，灵光一闪："对了，善用媒体资源。"

"制作人，我们要不要试着发稿给媒体，争取曝光，让观众注意到我们的节目？"

---

① 台视：台湾电视事业股份有限公司，简称"台视""TTV"，创立于1962年4月28日，是台湾地区第一家电视台。与中国电视公司（CTV）、中华电视公司（CTS）并称为台湾地区的"老三台"。"老三台"加上民间全民电视公司、公共电视台，合称为"台湾五大无线电视台"，简称"无线五台"。

"我们这是十点以后的节目，又不是八点档①，媒体不会有兴趣的啦。"

是啊，八点档有大咖，有话题，我们的节目呢？就不能请来大咖，炒热话题吗？

"找陈淑桦来上节目怎么样？"

"陈淑桦？想得美啦，她刚结束《梦醒时分》的唱片宣传期，对面（指滚石唱片）不会让她来的。"

不死心，决定要试试看。淑桦姐是我的好朋友，我邀请她，和她的唱片制作人李宗盛大哥，一起上节目对话。淑桦姐还是一贯情义相挺，通过宣传部的安排和大哥一起来到我们的节目。

《周日发烧友》制作人如获至宝，淑桦姐和李宗盛大哥来录像的那天，制作人逮住机会，一连录了三个单元。

《陈淑桦 vs. 李宗盛》两位闪亮巨星，让深夜时段的《周日发烧友》真的发烧了。发稿出去，隔天各大报纸都以头条处理，等于是最好的宣传。新闻的热度持续燃烧，这个节目让更多观众看见了。

小助理立大功，但这项大功，并非天上掉下来的礼物，而是有迹可循的。除了过去在杂志社累积的经验之外，淑桦姐的这条人脉，更发挥临门一脚的功效。

在传播公司担任小助理，看似蛰伏，却是做好充分的准备，等着抓住难得的机会。而机会，真的被我抓住了。

从此以后，制作人对我另眼相看，重要的艺人通告也开始由我来负责。储存已久的创意与能量，终于有抒发的机会，我的点子像雨后

---

① 八点档：术语，一般指广播和电视台于平日（星期一至星期五）晚间 20:00—21:00 时整播出的节目时段，收听收视率高。

春笋不停地冒出来，发给媒体的稿子都让人眼睛一亮，见报率很高。滚石唱片注意到了。

立下大功，获滚石唱片青睐

"你有兴趣来宣传部上班吗，我这里刚好缺人？"滚石唱片副理凤群，询问我的意愿。

"真的？太好了！"

"但是你要有心理准备，我们的薪水很低，只有一万四……"

我在传播公司也是拿这个薪水，当然没有问题。

二十多年后的现在，有一次试探性地问现任助理："你跟着我，要不要一开始就挂经理？"助理说："不要。"算他是聪明人。

如果挂这样的头衔领这样的薪水，却做不到与声称的职务相当的水平，是很可能被淘汰的，还不如低调些，努力扎根。

我在助理专注的眼神中，看到了我过去的神采。

我在滚石，我很重要

这个一万四千元工作的职位，是宣传部平面宣传，但一开始负责的工作只是剪报，等于只是个小助理。

那是流行音乐的美好时代，滚石每个月推出的唱片高达四五张。每天，我必须阅读厚厚一沓二十多份的报纸，把我们歌手的消息一则不漏地剪下来，贴在公布栏。隔天，剪报全部换新，拆下来的新闻，就变成信息，建成档案，每位歌手都有专属的档案，那是宣传部成果的检验场。

"某某的新闻,A报为什么做这个角度的? B报的标题又是另一套? C报却一个字都没有提?"

我每天翻报剪报重新变回"黑手",搜集整理信息,作为宣传的重要后盾和利器。

"你好歹也当过记者,文章写得不错,更创下一些纪录,现在做这种工作,为什么不觉得委屈?"

有时候,心中的小魔鬼会"出声"挑战我,我就会指着滚石唱片的布告栏,叫小魔鬼安静点。

"我在滚石,我很重要。"

八个字的标语,每个字都重重地敲击我的心房,是一把把心灵的武器,可以击退败事有余的负面思想。那是滚石人的精神,我告诉自己:"就算我现在只是个小角色,但就因为我是滚石人,所以我很重要。"

这句话激励我,让我不断地提醒自己,要从基本功做起,总有一天会让别人看见。

一万四千元的薪水,其实很难过日子。只能在八德路租两坪①大的雅房,是厨房改装的,不时听到排水管咕噜咕噜,隔壁房的声响乒乒乓乓。每月的二十几号时,我就把零钱包倒出来,一元、两元、五元、十元,慢慢数硬币,想办法撑到下月五日领薪水。算了算,最后几天只够吃统一肉臊面,每天一包,分两餐吃。

但是为了我的音乐梦想,再苦也要撑下去。

二十多年前的一万四千元,或者可以对应到现在的两万二千元。

---

① 坪:源于日本传统计量系统尺贯法的面积单位,主要用于计算房屋、建筑用地之面积。主要应用于日本、朝鲜半岛和台湾地区。1坪等于1日亩的三十分之一,合3.3057平方米。

我想问现在的年轻人，如果眼前有两份工作让你们选，第一个的待遇是四五万元，却不是你的志趣所在，另一份只有两万二千元，却符合你的梦想，你打算怎么挑？

你是否愿意选择两万二千元，充满热情，在你的理想中冲刺，为自己创造远远高于四五万元待遇的价值？

关键词辞典

1. 蛰伏——甘于扮演小角色，是为了更长远的价值。

2. 跃起——蛰伏期间，跃起的机会比比皆是，但要懂得抓住。

4 坚持 vs. 放弃

不怕拒绝，才会被看见

虽然只是个小咖^①，不时有大大小小的挫折，但我从小事做起，主动出击，坚持不放弃，把"不怕拒绝"当作被看见的契机。

拥有小小的成就感，就可以支撑我们往前走。即便过程中仍会有挫折，我们的信心却愈来愈亮。成就感的目标不必设得太高，太高容易让人打退堂鼓。只要抓住每一个表现的机会，去做到最好，就能够激励我们，一步步地往自己的理想迈进。

公司宣传部人手不足，我的机会终于来了。

李明依的签名会活动在花莲^②举行，主管们都在花莲的现场，临时指派写宣传稿。我通过电话，专注听着主管描述现场的状况，一边记录。新闻稿手写的年代，每篇稿子得手写再影印，每份贴上活动照片，一一送到各个报社。不像现在只要敲敲键盘、动动鼠标，按个"发送"就行了。

小小的成就感，支撑自己坚持向前行

当天晚上，我兴奋得辗转难眠。隔天，天还没亮，我就撑着惺忪

---

① 小咖：台湾地区用语。"咖"即 cast，演员、角色。
② 花莲：花莲县，位于台湾省东部，面积 4628.5714 平方千米，是台湾省面积最大的县级行政区划。依山面海，风景优美。

睡眼冲到楼下杂货店，买下各种报纸。

"哇！真的见报了。"当时报纸张数少，版面寸土寸金，上报非常不容易。第一次看到自己写的宣传稿上报，非常有成就感，虽然占的版面不大，其实就算只有两行字，也会让我雀跃半天。

主管看到了我的表现，从这个案子开始，我从一个剪报纸的小助理，开始有发稿给媒体的机会了。

曾经，心中的小魔鬼不时地蠢动："我明明可以做这件工作，为什么老板不给我机会？为什么要卡住我？"如果当时的我，因为不满被大材小用而选择放弃，生涯的发展将完全不同。

我真的准备好了吗？如果没有，当机会的窗向我开启，只会看到我因能力不足而自惭形秽。我用这句话，对抗心中负面的声音。

宣传菜鸟上阵，主管将杂志部分交给我。因为报纸宣传影响重大，万一出什么状况就很难收拾，上司还不敢让我接手。

我如鱼得水，一个个去认识杂志社记者，找他们喝咖啡。

"要跟他们聊什么？可以提供什么题材给他们呢？"我不停地思索着。

趁着艺人跑通告的空档，我随身带着相机，带着艺人出去拍照。我们在国父纪念馆①等景点，寻觅美丽的一隅，可能是盛开的寒梅下、广场的鸽子群中或是鲤鱼池畔喂鱼趣。我看图说故事，写下艺人的笑语，图文并茂地将稿子发给杂志社。

一般唱片公司的宣传，通常配合歌手的唱片宣传档期，也就是说，

----

① 国父纪念馆：位于台湾省台北市仁爱路四段，为纪念孙中山先生百年诞辰而兴建。因馆内的表演厅、灯光、音响设备一流，经常举办高水准的音乐会。也成为台湾地区户外活动、休闲以及欣赏艺术、文化演出的综合性场所。

现在出什么唱片，就全力打响什么，主管对宣传的要求，也不过这样。但我做事的欲望，就像火山爆发一样，完全按捺不住，非要主动出击，挥洒点子不可。

杂志的属性五花八门，要怎么样配合他们的需求，创造专属他们的独家呢？

还好我们滚石歌手很多，什么话题都可以找到人来谈。

面对妇女类杂志，"你看我们×××，造型化妆做得多好。告诉你，其实不光是造型师帮她设计，她自己在这方面也很有一套喔，约个时间找她来谈谈吧。"

"别看×××很率性，她可会管小孩的，找她来谈谈育儿经……"

"××最近刚搬家，他的家设计得很有味道，也很环保，要不要改天去看看？"

运动杂志也没问题，"你知道×××最近迷上滑翔翼，×××才刚骑脚踏车环岛回来……"

不能光等别人敲通告，自己要创造话题。

借着点子的发想和稿件的提供，杂志社记者们都很信任我。我们成为好朋友，是工作之外的一大收获。

杂志领域做出成绩，主管又派给我新的任务——负责地方性报纸。

地方报像《中华日报》《台湾时报》等，在娱乐圈很容易被忽略，因为大家的焦点都摆在《联合报》《民生报》《中国时报》三大报上。

有了和杂志社"交陪"的经验，我如法炮制。

报社记者晚上八九点下班，我约他们吃夜宵。

"大哥，我们公司最近来了一位新人，你知道有多好玩，他小学的时候被老师打了一巴掌，因为嫌他唱歌唱得五音不全。哈哈，人家现在可是创作型艺人呢。"

"姐，×××家养了10年的狗走丢了，她哭惨了……"

发想一些特别的独家提供给他们，就是我每天的头脑体操。但这些独家要经过精挑细选，不能让大报觉得不舒服，也就是不让他们觉得被漏了重大新闻。

给地方报特别的独家怎么挑呢？例如非宣传期的歌手或公司的新人，都有许多题材可以发挥。对地方报来说，觉得你田定丰不错，不是势利眼，只顾着和大报攀关系，渐渐地建立了交情。

愈不放弃，愈有成功的机会

接下来，公司以歌手为主，执行分案制度，我开始与大报接触。

记得我发了一条周华健的稿子，送到各大报社后，回到办公室，分别联络记者。

"大哥你好，我发了一条周华健的新闻，请问你有没有收到？"

"有啊，怎么，我已经丢到垃圾桶了。"

《联合报》的记者酷酷地回答。当时三大报的记者不可一世，对我们小宣传来说简直就是神。被拒绝是理所当然的，但我还是有点难过。

"不行，我不能放弃，一定要你发这条稿子。"我暗暗发誓。

隔天我改了角度，又发了一次，再打电话过去。

"这新闻不是发过了？"

"喔，和昨天不太一样，请您参考一下。"

我试了一次又一次，虽然新闻稿的下场还是垃圾桶。但是《联合报》的记者大哥记住我了，记住我是那位很难缠的小宣传，不"打"不相识，我们建立了好交情。

　　《中国时报》也是一样，记得送稿给大记者褚姐，她头也不抬，说："放着就好。"我摸摸鼻子走人，有点失落。心想，给她送个十次，总会成功吧。

　　还好没有累积到第十次，第四次还是第五次时，她抬起了头看我："又是你啊，拉把椅子过来坐吧，来！告诉我今天有什么新闻。"

　　隔天，《中国时报》登出斗大的报道。努力真的有用，我很开心没有被打倒。

　　褚姐有一次要确认一个消息，打电话到滚石，不是找主管，而是直接找我。

　　"褚姐要找你耶。"同事吐吐舌，把话筒交给我。

　　褚姐主动问我新闻。也就是说，在大报记者心目中我终于有地位了，这比获得大笔奖金还值得庆祝。

　　"愈不放弃，愈有成功的机会。"我天天提醒自己，座右铭终于变成了亲身经历。

　　坚持，就是一种执行力。光有理想，没有坚持，是不可能成就任何事的。现在有不少年轻人，往往同样有很好的创意点子，却有的成功有的失败，为什么？其中关键之一就在于坚持或放弃。你知道如何选择了吗？

关键词辞典

1. 坚持——是必备的执行力，从小事做起，赢得小小成就，可以支撑我们向前行。

2. 放弃——不要怕挫折，愈不放弃，愈有成功的机会。

5 专注 vs. 分心

一天工作 16 小时，别人休闲我发稿

在滚石唱片当宣传，除了睡眠时间之外，我的生活，除了工作还是工作。别人一天工作 8 小时，我却把一天当作两天来用，工作时间长达 16 个小时。因此，在滚石唱片当了两年宣传，我可以说自己做了四年。

一天 16 个小时的努力，不是只专注在宣传领域，我的学习触角更伸及其他部门，不断偷学秘籍，企图心非常旺盛。

每天跑马拉松，一人当好几个人用

调高马达转速，为了更快速冲抵目标，我必须比别人更勤快，没有时间浪费。

每天的马拉松行程如下：十点进公司，忙通告，办记者会；下午三四点发稿；五点以前完成，送到各个报社，不会骑摩托车，就搭出租车一家家跑；回公司，继续打电话盯稿；等到记者下班，约着吃夜宵，关心一下稿子会不会登；再回办公室，准备明天要做的事；凌晨三四点，赶往台北火车站，那是派报的集中地，我买下所有的报纸，如果都登了，大功告成，回家睡觉。

万一杠龟[1]，干脆别睡了，继续到办公室奋战，绞尽脑汁，想想这条稿子怎么样败部复活[2]，如何获得记者和编辑的青睐。流行音乐百家齐放的年代，唱片公司和歌手这么多，报纸版面却很有限，我应该怎样帮歌手创造机会？

现在办一场宣传记者会，是团队作战；以前的我们，一个人要当好几个人用。

记者会的前一周发请帖，几十家的报社、几百家的杂志社，一家都不能漏，该邀的记者，一个个都要打听清楚，绝对不能失了礼数；同时得接洽饭店，谈场地租金，了解有什么样的设备，是否能达成较好的声光效果。

另外，找适合的主持人，商定费用；预排记者会 rundown[3]，控制全场；更重要的是，发想不一样的新闻点，满足媒体的需要，争取公司艺人曝光的机会。

剪辑 VCR[4]、剪接音乐，都要自己来；记者会结束后，跟摄影师拿了底片，马不停蹄地送冲洗店，撰写新闻稿，一一发送媒体。所有繁琐的细节，必须在 5 点以前告一段落。

身处大公司，这么多的艺人，这么高的发片量，工作像雪片般飞来，一不小心就会被堆成一个动弹不得的雪人。

也因为有这么多应接不暇的工作，就像练武功般不断地和对手过

---

① 杠龟：闽南语，赌输、零分、落败，起初多用于彩票业，现在渗透入其他领域。闽南语读音为 gòng gū。
② 败部复活：指失败的人又有了重新成功的机会。
③ rundown：纲要，此处指节目表，流程。
④ VCR：盒式磁带录像机，使用空白录像带并加载录像机进行影像的录制及存储的监控系统设备。

招，内力不知不觉地愈来愈深厚。在别的比较小的公司，要花好几年工夫才能淬炼出来的能力，在滚石，可能一年之内就炉火纯青了。

那是一段"铁人"般的岁月，练就我一副利落的身子骨，以后做什么事情，几乎都难不倒我。

趁空窗期发稿，机会是自己创造的

机会喜欢跟人捉迷藏。它们藏在转弯处，藏在细节里，也藏在狂风呼啸的台风夜中，和悠闲的假日午后。

有个台风天，宣布放假后，却风雨不大。大家都觉得赚到了，趁机会去逛逛街，看看电影，享受意料之外的假期。

我一个人踱到公司，贼贼地想着："同行们，你们赚到假期，我却赚到媒体曝光机会。"

还有一次台风很大，台北东区的雨像用盆倒的一样，路面上的水已经积到小腿了。我把装有娃娃（金智娟）英文新专辑新闻稿和照片的信封，塞到我的衣服里，再套上雨衣，冒着大风雨走到了联合报社的办公室。

打电话到编辑中心，影剧版主任黄姐亲自下来拿这份半湿的新闻稿件。她惊讶地看着这个全身湿透的小宣传，还直说"辛苦你了"。让我受宠若惊。

隔天，这则本来不算是重要事件的新闻，成了《联合报》影剧版的头条。

唱片业的同行，每天早晨翻开报纸，竞争就揭开序幕。看是飞碟的黄莺莺，还是滚石的潘越云上报，或是谁的新闻登得比较大，这一回合的竞赛，就分出高下了。

"怎么又是潘越云的新闻？"

"滚石负责宣传的是谁，这么厉害？"

我的名字很快就传开，在滚石才待了一年，各个唱片公司的主管，都知道，滚石唱片有个田定丰。

偷学秘籍，两把不朽钥匙

尽管表现亮眼，但我的眼光不只聚焦在现有的宣传工作，那只是我的梦想拼图的其中一块而已。我还想要探索其他领域，像是营销、企划甚至研究发展。

当时滚石开风气之先，设立了研究发展部门，就像是情报的收集中心。Store check① 是主要的内容。研发部铺天盖地的调查坊间唱片行的销售情况，对象包括自己的歌手，也包括竞争同业旗下艺人。

数字会说话。我们列出每周唱片真正的销售信息，可以看出不同的艺人在分众市场② 上的接受度和影响力，嗅出市场的流行和风气。让滚石得以知己知彼，百战百胜。

当时的唱片界，经纪概念还不成熟，为艺人接企业代言、唱广告歌曲或洽谈录制电影主题曲等经纪业务，滚石唱片归入项目部门负责。

项目与研发，关系密切。每周一次的调查报告，成为项目开发的

① Store check：直译为存储检查，现多为商店调查、店情察看、店访的意思。
② 分众市场：通过周密的市场调研后，锁定一个特定的目标消费群，推出这一特定群体最需要的细分产品。该目标消费群就是分众市场之一。

利器。当我们和业主商谈，争取代言或接广告歌案子，就可以理直气壮拿出我们的研究报告，不会空口无凭。

"这部电影，描述大时代坚毅又柔情的女性，主题曲非常适合由陈淑桦来唱。"

"这项产品，诉求随性浪漫，广告歌曲的选择，当然非潘越云莫属啦。"

"周华健阳光正面的形象，很适合拍这个广告。"

研发信息和项目业务 Know how①，都在身边，却咫尺天涯，我要如何拿到开启的钥匙，前往探索呢?

第一把钥匙，从交情中获得。

宣传工作与人接触的范围，主要是艺人、部门同事、同行和媒体。但基于对人的浓厚兴趣，再怎么忙，我仍然努力扩大交友圈，常邀约研发、企划部门同事一起午餐、聊天，了解项目开发的窍门。不知不觉中，我成为滚石宣传中，甚至是所有宣传同行中，最了解流行音乐市场变化的人。

先当朋友，再相互学习，避免目的性太强的人际心态，这是向别人取经的最佳途径。

一个人，不可能成就所有的事，透过别人的帮助，才能获得更大的成功。这就是 Team work② 的概念，经过尊重和分享，达到双赢的效果。

---

① Know how: 技术诀窍，最早指中世纪手工作坊师傅向徒弟传授的技艺的总称。现在多指从事某行业或者做某项工作，所需要的技术诀窍和专业知识。
② Team work: 团队工作方式，又称小组工作方式，指与以往每个人只负责一项完整工作的一部分不同，由数人组成团队，共同负责完成工作。

第二把钥匙，从我的宣传工作中拿到了。

我告诉研发同仁，报社记者想要得到我们的市场情报，报道唱片市场排行榜时，有数据作为佐证，内容将更丰富。更重要的是，我们的艺人常在榜上数一数二，报道精彩，对公司也大有帮助。

重点是，我并不是为了要拿到市场调查信息，才故意这么说，我说的都是事实。对我而言，在其中扮演媒介，让各方多赢，从中也能学习到很多，何乐而不为？

钥匙通常小巧精致，却起关键作用。有了这两把钥匙，轻轻一转，可以开启多大的境界？如果没有费心寻找钥匙，就想撞开大门，如同冒冒失失地到其他部门问东问西一样，铁定撞得满头包。

只要你有持续不断的学习动机，这两把从友情和工作资源中打造的学习之钥，一辈子都不会朽坏。

专注工作就像谈恋爱

不管在滚石，后来进入的点将、巨石，还是在后来自己一手创建的种子音乐，一天工作 16 个小时的精神，已经融入我的血脉当中，转化成"一生悬命"①。

每当我要定位营销一位歌手，除了实际工作的时间之外，不论走在路上看着车水马龙、天光云影，和朋友相偕看一场电影、喝一杯咖啡，或是坐在电视机前做一颗沙发马铃薯②，我满脑子就都是这位歌手。

---

① 一生悬命：现代日语中的一个词，引申为拼死、拼命之义。
② 沙发马铃薯：沙发土豆 Couch potato，指的是那些拿着遥控器，蜷在沙发上，跟着电视节目转的人，指不健康乃至于堕落的生活方式。

就连睡觉，他也会翩然入梦。

这简直就是谈恋爱的状态。我常告诉我的工作伙伴，要爱你的歌手，如果没那么爱他，就不可能有热情，工作就不会做得好。

我想，不只是音乐工作，任何行业都一样。如果不爱你正在营销的商品，对手上的案子缺乏热情，对从事的研发领域感到索然无味，那怎么可能成功呢？

但是，每天工作 16 个小时，已不符网络时代的效益。如果可以更有效率地完成工作，为何要耗费如此多的时间？当时的"手工"时代，为了更快速地学习，不得不如此。现在，不如早点下班去上与工作有关的课程，甚至是自己有兴趣、跨领域的学习。

不论如何，"一生悬命"式的专注精神，永远不会落伍。相对地，如果对手中的工作缺乏热情，好高骛远，做着这个，想着那个，一心好几用，很可能几头全都落空，得不偿失。

关键词辞典

1. 专注——以"一生悬命"的精神，爱你手中的工作。

2. 分心——做着一件事，想着另一件事，一心好几用，好高骛远，可能两者皆空。

6 模仿 vs. 扎根

向人学习，化成自己的力量

职场上的学习，有时自行摸索，往往如同瞎子摸象，会走许多冤枉路。如果身边有值得学习的对象，借着观察和模仿，消化吸收成为自己生涯的养分将事半功倍。

幸运地身处流行音乐圈，我借鉴的对象有不少是光鲜亮丽、才华横溢的艺人，例如陈淑桦和张清芳。她们的想法、做法和智慧，对我的影响力，到现在都还看得到影子。

另外，"新音乐女王"黄莺莺和魔岩的舵手张培仁，这两位创意音乐人，都让我眼界大开，扎下专业的根基，回归音乐的本质和初衷。

陈淑桦的自律和朴实

第一位要谈的，当然是我一辈子的贵人陈淑桦。她就像是我的姐姐，耳濡目染之中，我从她身上学到两堂课。

第一堂课是自律。

时间，是流淌的岁月。艺人对待时间，多半仅供参考，仅有少数像中央标准时间一样精确，淑桦姐就是这样。十点钟的通告，淑桦姐往往九点多就坐在现场。温婉美丽的身影，却让宣传人员看得皮皮挫①。

"啊！她已经来了，怎么这么早啊。"没经验的宣传急急忙忙地去招呼，非常紧张。经过这次教训之后，宣传只好学乖，如果做不到提早的好习惯，干脆把表调快一小时，才能万无一失。

提早到，只是淑桦姐自律的一环。除了抓紧时间，任何大大小小的琐事，她都事先做好准备，不给工作人员添麻烦。

近朱者赤，她的严格自律，自然也成为我的工作态度准则。日后无论我是个小宣传、主管或掌舵者，我都严格自律。因为，不自律，如何要求别人呢？

我尤其要求自己不迟到，迟到是浪费彼此的时间。无论是在担任巨石总监，还是创设种子公司等各个阶段，我也严格要求员工不迟到。

第二堂课是朴实。

淑桦姐是演艺圈的异数。从出道到成名，从红遍半边天到淡出歌坛，都一样朴实，没有任何娇气。她一直像个邻家姐姐，从未改变。

看多了身边的艺人，从新人的青涩到当红的气焰，心态转变是必然的变化，就连我自己也是一样，一直达不到淑桦姐的高度。直到日后经历失败，才渐渐懂得淑桦姐的智慧。

记得几年前曾经陪淑桦姐到行天宫②拜拜，她双手合十祝祷之后，就将身上的六七千元全部捐出。庙方要她留下姓名写收据，她只愿留下"无名氏"三个字。

—————————

① 皮皮挫：闽南语，皮都在抖，意思是吓得浑身颤抖。
② 行天宫：又称恩主公庙，位于台湾省台北市中山区，为主祀关公的台湾民间信仰庙宇。行天宫是北台湾地区参访香客最多的庙宇。除了台北本宫之外，有两间分宫分别坐落于北投与"三峡"。

拜完了，我买了一杯果汁请她喝。

"这杯多少钱啊？"

"喔，七十元。"

"太贵了，很浪费耶！"

我瞠目结舌。她宁可捐出好几千元，却不愿自己享受七十元的饮料！我们一般人刚好相反，宁可花六七千元哄自己高兴，却不一定愿意在别人身上花七十元，不是吗？

演艺圈是个大染缸，但淑桦姐却始终保持自己原有的颜色。上帝将她摆放在我身边，成为我随时的借鉴，真是一项最棒的礼物。

张清芳教我的三堂课

接下来谈好朋友张清芳。担任点将唱片企宣副理时，阿芳是点将旗下的主力歌手，我和她的合作关系是最有默契的。

阿芳是个非常聪明的女人，在她的身上，我学到了三堂课。

第一堂课，投资自己。

当时，歌手推出新唱片，唱片公司会为她们准备两三套宣传服装，预算大约五万元。但阿芳为了出片，可以亲自到欧洲挑选，自掏腰包采购上百万的时尚服装，再一大箱一大箱地扛回来。

"定丰，你看，我又采购了很多套衣服。有什么点子尽量想，我们可以多拍些宣传照。"

这么多形形色色、高质感的衣服，真的可以激发很多宣传的灵感。这是她的投资，也是我的宣传资源，我可以不断地发稿，创造话题，她的曝光率愈来愈高。

通常，唱片公司除了既定的出片、宣传之外，不可能额外花预算投资歌手，一般歌手也不太会花费巨资投资自己，一向是被动接受公司的安排。在二十多年前，阿芳就有这样的观念，很不简单。

假设一张唱片热销五十万张，每张版税三十元，等于一千五百万元，很不得了的一笔财富啊。天王天后级的歌手们通常选择买房置产保值，但阿芳不一样，她可以大手笔拿出几百万元来投资自己。

发现自己的不足，阿芳愿意花钱订杂志、啃生硬的财经书籍、请家教学习英文，没有一位艺人比她更用功。艺人一定要看时尚杂志，阿芳也未能免俗，但她看的是 *Vogue*[①] 等国外杂志，抓紧国际时尚趋势。

一般艺人多半只关心演艺圈内的事，阿芳却具备不错的世界观，很让我佩服。

认真保养自己的身材，也是对自己的投资。除了固定运动，发现自己不够结实了，每天睡前一定严格执行拍打功。左手臂拍一百下，右手臂拍一百下，腿肚儿拍拍，腰间拍拍，脸颊拍拍，就是不让蝴蝶袖[②] 长出来，不让婴儿肥[③] 出现。

第二堂课，广结善缘。

阿芳虽聪明，却没有女强人的咄咄逼人，懂得善用女性的温柔特质。和她聊天，看着她专注的眼神，微笑的嘴角，让人觉得她很崇拜你，对她的好感油然而生。能干不外露，是她厉害的地方。

---

① *Vogue*：1892 年创刊于美国，一本综合性时尚生活类杂志。杂志内容涉及时装、化妆、美容、健康、娱乐和艺术等各个方面，是世界上最重要的杂志品牌之一，被誉为"时尚圣经"。
② 蝴蝶袖：原为一种服装款式，因为展开袖子时，衣服看起来像是展翅的蝴蝶，因此而得名。现多用来形容上臂后方松垮下垂的赘肉。
③ 婴儿肥：指已经脱离婴儿时代，但脸看起来还是像婴儿一样肉肉的。

人际往来的眉眉角角①，阿芳掌握得恰到好处。

"阿芳，来上个节目帮一下《欢乐 100 点》……"

《欢乐 100 点》是当时一个很热门的歌唱综艺节目，当时歌手为了宣传新专辑时才会上节目。节目制作人林义雄亲自打电话给阿芳，请她帮忙上节目冲收视率。阿芳二话不说，答应了。当时虽然不是阿芳的出片宣传期，她也愿意情义相挺。

受人滴水，涌泉以报。类似的人际往来不胜枚举，人家觉得你阿芳够意思，下次你再出片，也会全力帮忙。

第三堂课，先进的经纪概念。

愿意打破行规，在非宣传期也接通告，除了广结善缘外，阿芳还有更具远见的理由。

她说："艺人不能只在出片阶段曝光。要让观众和歌迷，随时随地注意你，知道你的动态，否则太久没有出现，观众就忘记你了。"

这是艺人经纪的观念，但发展环境并不成熟，与当时唱片公司的经营方法有点出入。这种先进的想法，与我不谋而合，成为日后我自行创业的重要依据。

学习不只在初出茅庐的阶段，或是转换跑道的当口。当攀上高峰，成为高阶主管，或创办了自己的公司，是否能够了解自己的不足，甚至愿意弯下腰来，向某个领域中比你专业的人虚心讨教？

创立种子音乐，成为掌舵者之后，我学习的对象是两位创意音乐人。包括"新音乐女王"黄莺莺和魔岩的舵手张培仁。

---

① 眉眉角角：指隐藏在很细致的地方，难以直接学习到，需要经验累积的部分。

黄莺莺 下苦功的创意

黄莺莺（Tracy）当时在音乐界的资历已经二十年了，对我来说是可望而不可即的偶像。她拥有自己的音乐制作公司，与她合作，帮助我看到更广阔的风景。我虽然是种子音乐的总经理，Tracy是旗下合作的艺人，我却抱持着虚心学习的心态。

Tracy总走在音乐的前端。她不仅对国内的流行音乐了如指掌，更多方涉猎世界各国的乐风，对国际流行音乐趋势拥有极佳的嗅觉。

在音乐制作方面，她懂得比我多太多了。合作的过程当中，她不断地丢信息过来，我也忙不迭地吸收，那是一连串的惊喜。

Tracy的公司从事制作时，会把我和种子的员工拉进来，一起参与，分享她的制作概念。对我而言，那是一座多么丰富的宝山啊。

"你听听看，这是目前英国很夯的乐风，有种空灵的感觉……"

"再听听这个，如何？很前卫吧，能不能接受？"

Tracy喜欢听听大家的意见，刺激更多的创意。

市场营销的法则之一，就是复制成功的模式。很多唱片公司或音乐制作公司也未能免俗，敏锐地探测市场风向，知道听众喜欢什么，就做什么，一旦成功了，就不停地复制。

所以，我们可以观察到，某张专辑爆红，唱片公司可能连续制作类似的产品。旋律如出一辙，情境换汤不换药，为的是趁着热潮未退冲高销售量。

但是黄莺莺有所为亦有所不为。她不迎合市场口味，而是要引导并开创华语音乐的风潮。

除了制作领域，无论企划、宣传或营销，黄莺莺都很有想法。多数的歌手，在这些领域，都是我为他们规划，然后告诉他们如何配合。但是 Tracy 不一样，反而是她有一些不错的点子，她来努力说服我，而我也经常被她说服。

"你看看这张英国的唱片，它的版面设计很特别，可以参考一下。"

"这段国外音乐影片，剧情似乎很蒙太奇很破碎，却让歌曲有种神秘的氛围……"

视觉方面，像专辑封面的版面如何设计、安排，照片怎么摆，她都有自己的观点；音乐影片剧本怎么编，可以放进什么创意，也可以举出许多案例，提供我们参考。

创意就像新鲜的活鱼，不趁机会抓住，它就溜走了。创意人一旦心血来潮，三更半夜也要起身写下点子。Tracy 也是一样。

Tracy 是我的音乐制作导师，她让我见识到，新鲜活泼的创意，不是来自于天马行空式的胡思乱想，而是要建立在多方涉猎和研究基础之上的。也就是说，没有下苦功，就没有真正的创意，或者可以说，就算有创意，也是空洞的。

张培仁——回归音乐的本质

种子音乐脱离 EMI，独立门户。滚石子公司魔岩创办人张培仁找我合作，展开一段"魔"力十足的新奇经历。

张培仁，典型的艺术家，是个摇滚迷，他从主流音乐文化中抽身而出，带给歌迷听众另类的想象空间。

他挑选的艺人都是创作型的，并且具有独特个性。魔岩的代表性歌手，像陈绮真、伍佰、杨乃文、张震岳、陈明章及纪晓君等，都以鲜明的风格在歌坛唱出响亮的声音。

一般主流唱片公司与艺人签约，合约大都是三年内要出两张专辑，必须照着合约走。

但张培仁给歌手很大的空间，不设框框，等歌手自认创作 OK 了，再推不迟。伍佰好几年才生出一张唱片，张培仁也是老神在在①。这样的作品，音乐性很强，很有力量。

和他们合作，我看到早期滚石的精神，让我恍然回到初入社会时，看到"我在滚石，我很重要"标语而激动不已的年轻岁月。那股兴致勃勃和深自期许，又在我身上鼓噪着。

张培仁是个粗犷的虬髯壮汉，个性洒脱，每天都是三点不露（不到下午三点不露面）。看到他来了，魔岩的员工推推挤挤赶快在老板的办公室门外排队，有的急着跟老板讨论，有的拿文件等着批示。

"喂，我先来的。""别插队啊……""拜托一下，我这件事等不及了！""大家都很急好吗。"

类似的戏码天天上演。

等到员工都下班了，张培仁往往还待在公司，深夜，过度亢奋发达的思绪像涌泉不断地冒出，必须赶快拿"容器"储存起来。或者，他就在摇滚乐中放空自己。

张培仁的创意火花，也在我身上点燃。日后，面对旗下的创作歌手如光良和吴克群等，我也放手让他们自由发挥，百分之百呈现他们

① 老神在在：闽南语，很从容的意思。有时也会用来批评人消极、不作为。

想做的音乐。毕竟回归音乐的本质和艺人的特性，才是最重要的。

市场的口味和音乐性相碰撞，当然也有迸出火花的可能，但事实上往往背道而驰。如何不被市场牵着走，甚至以音乐性引领市场风潮，才是音乐人的使命。

这两位音乐人，帮助我在利益的洪流中，确立自己的初心。

关键词辞典

1. 模仿——观照别人的智慧和专业，学习将事半功倍。
2. 扎根——透过观察模仿，消化吸收转化，扎下自己的良好根基。

7 安全 vs. 挑战

接受挑战，离开安全区

薪水和职位的提升，是许多人跳槽的诱因；也有人不喜欢改变，强调滚石不生苔 [1]。但我跳槽，是为了快速参与更多领域，让自己的梦想拼图完整。因此，我不惜离开安全区，接受全新的挑战。

我不怕工作多，只怕责任太少；不怕筹码太少，只怕梦想拼图无法完成。

投身点将，一夕承揽三项工作

滚石唱片工作满两年时，点将的老板桂鸣玉向我挖角。当时的点将是个小公司，旗下歌手只有范怡文、张清芳和曾淑勤等寥寥几人。

"别看我们点将规模小，以后我们会做很大的突破和改变，对流行音乐界形成影响力，还要签下更多不同特色的艺人。"

和桂姐相约聊天，被她的企图心所感动，我也想做更多的事。于是，我们一拍即合。

在滚石偷学的时光告一段落，终于可以实际操演了。我担任企划宣传副理，除了起家的宣传工作之外，还接手过去碰触不到的企划。

---

[1] 滚石不生苔：转动的石头，是长不出苔藓的。是说不断地运动将会使自己永远保持生命的活力。如果后面加上"转业不聚财"则指常常在工作上变动的人，较难得到很好的资历，也难受到别人的信任。

唱片企划，主要指的是歌手造型、化妆、摄影、音乐影片等唱片包装工作。

"桂姐，我们也来做研发好不好？"

"研发？你是指什么？"

我兴致勃勃地解释：那是从店铺调查开始，了解市场风向，对经纪业务很有帮助。

"喔，这样子可以自己掌握第一手的信息，蛮有用的，要不然你来负责好了。"

于是，一夕之间，我承揽了三项工作。

我的底下有一位执行，宣传发稿的事，交给他来做。我买了一部三菱的二手小车，马不停蹄跑遍全省，分批拜访大大小小的唱片行。平常的 store check，靠电话进行调查。

培养能力看长线，总有一天派上用场

优客李林来到我们公司，李骥粗犷爽朗，是创作者兼吉他手，林志炫瘦小斯文，负责唱。李骥拨着弦，林志炫的歌声充溢了整个空间，唱完了，大家呆了很久，不晓得发生什么事。没有人听过来自天堂的声音，如果有，大概就是这样吧。

我们惊为天人，桂姐为优客李林发片。拍了几千张宣传照，同事们看了都大皱眉头："怎么都挑不出一张适合当封面的？"形象该怎么塑造才好，怎样才能吸引消费者去听这难得的天籁之音？

我们先录好音，趁着亲访唱片行时，播放给店家听听。几乎所有的店家都和我们第一次聆听的反应一模一样，惊呼："太好听了，这张唱片一定大卖！"桂姐觉得可行，决定撩落去①。结果，《认错》一曲，风靡全台，是现在四五十岁中年人难忘的青春记忆。

研发工作像酵母，你看不见它，但不知不觉就发酵了起来。它开始发挥功效，这是好的开始。

职场能力的培养，有些短期看来似乎用处不大，但不要急着放弃它。只要你对这项能力有兴趣，一点一滴慢慢累积，总有一天会派上用场。

桂姐迫不及待地展现企图心，一年内，点将公司陆续签下林慧萍、江蕙、江淑娜和优客李林等。如江蕙的《酒后的心声》等唱片，都创下惊人的成绩，在市场投下深水炸弹。我也在桂姐身上学到，如何培养市场嗅觉的能力。

为了友谊，赌出前途

就在这时候，我的好朋友张信哲退伍了。

张信哲，20世纪90年代国语乐坛上的学生情人，他是滚石子公司巨石的歌手，我俩是无话不谈的好朋友。1992年张信哲退伍，重回歌坛。

我们相约出去，开车兜风，从台北南下，一路逛到彰化②、斗六③。经过垃圾堆，阿哲兴奋地叫："停车！"下车后，他东张西望，低着头

---

① 撩落去：闽南语，在此语境是全心投入去做的意思。
② 彰化：彰化县，西临台湾海峡，有彰化县八卦山、鹿港小镇、台湾民俗村等旅游景点。
③ 斗六：斗六市，位于中台湾西侧滨海地区。

反复翻弄，好像在找什么宝贝一样。

"阿丰，瞧瞧我找到了什么？"阿哲被弄得脏兮兮的手抓着一副医生用的听诊器，眼神发亮。

"喂，你拿这些旧东西做什么？要跟女朋友玩看病游戏啊？"

阿哲真的很怪，老东西他都爱，残缺的桌、椅、窗棂①甚至老阿公老阿嬷②用的一些小玩意，他都想打包回家。身为基督徒，一般的民俗忌讳，他都不避讳。

载着阿哲看中的垃圾宝贝，风呼啸着，我们也高声谈笑着，时间总是溜得特别快，不觉向晚。夕阳像一颗饱满的蛋黄，天际的一排房舍像黑色的锅子。蛋黄弹跳着，一点一点地往下掉，慢慢弹进锅里，嗤的一声，熟透了，夕阳就下山了。

看着最后一抹余晖，我们沉默了半晌。

"你来帮我好吗？"阿哲冒出了这句话。我转头，讶异地看着他，阿哲原有的欢笑不见了，代之以一脸忧心忡忡。

巨石以演奏音乐为主，由郑柏秋及滚石老板投资成立，为赖英里、薛伟、陈冠宇及蔡兴国等演奏家发行唱片。巨石当时的流行主力歌手就是张信哲，而企划宣传工作交给滚石来做，我也因此与阿哲结缘。

当兵前，阿哲是当红的偶像歌手。退伍后，刚独立的巨石为他出了一张专辑，企划宣传由滚石手中拿回来自己做，但是销售成绩大不如前。他中了歌坛所谓的"当兵魔咒"③。

---

① 窗棂：窗棂是中国传统木构建筑的框架结构设计，即窗框内的格子部分。
② 阿嬷在中国东南诸多地区方言中指祖母或年龄、与自己关系类似奶奶的年长女性。
③ "当兵魔咒"：又称"入伍"魔咒，台湾地区采取义务兵役制，导致很多男性明星因退伍后难以适应原先的工作而被粉丝遗忘。

而点将，正是如日中天的时候，旗下优秀的艺人很多，都是我手上的无数张好牌，大家也都搭配得很好；桂姐和同事们，也相当挺我；同行之间，我更建立了不错的口碑，是公认的高手。这么好的时候，为了帮朋友的忙而离开，值不值得？

和几个好朋友聊到换跑道的想法，大家都认为我简直是疯了。但我的考虑，除了和阿哲的情谊，还有其他。

跳槽巨石，手中只有一张筹码

翻看我的音乐职涯拼图，宣传、企划、研发都拼好了，还有最后一块空在那里——就是制作。制作，是音乐工作的核心。宣传、企划、研发做得再怎么出色，都是在音乐的外围打转，制作的歌曲好不好听，才是无可取代的重点。

点将有一位天王制作人——姚谦。在他的带领下，我们的制作部出类拔萃，但也因为如此，制作工作根本轮不到我。

如果继续留在气势正旺的点将？慢慢累积经验，也许会有接触制作的机会，但更可能的是，再过五年、十年，一直都在流行音乐的外围打转，隔靴搔痒。

如果跳槽巨石，我将担纲总监，统筹企划、宣传、业务和演奏音乐部，连制作都归我管，拼图将趋于完整。但是，做不好怎么办？

巨石老板郑柏秋约我碰面聊聊看。

"演奏音乐这部分，我完全不懂。"我坦白承认。

"这很简单，没关系，我来教你。你只要帮我把国语流行音乐这一块做好就行了。"

郑柏秋是学音乐出身的，演奏领域，他驾轻就熟。

"目前公司流行音乐只有一位歌手，请问老板，未来打算做到多大的规模？"

"这就是我找你来的原因。虽然目前我们国语歌手不多，但是希望以后能扩大版图，而且要做出属于我们的特色。你愿意接受挑战吗？"

"好！"

老板企图心很强，与我的调子接近，虽然公司目前在流行音乐这一块规模还不大，还是颇有可为。我做出了决定。

那时，我 24 岁。

扛着四年的音乐圈经历，顶着金童的光环，我空降到这家拥有四五个部门的公司，职位是总监，在老板郑柏秋一人之下。

鼓起勇气，选择不可预期的道路

不论是离开滚石到点将，或是离开点将到巨石，都是从大公司到小公司，而且选择在最好的时刻离开。

留下来，在原来的大公司继续往上爬，是一条安稳的康庄大道，大道上的风景大致可以预期；但对自己是音乐人的定位，恐怕将迟迟难以达成，梦想拼图可能永远缺了一角，甚至缺了好几块。

既有资源对我的吸引力，远不及从小到大不变的梦想。于是，在周遭不看好的眼光下，我接连选择了看似较窄小、不可预期的道路。企图心超越恐惧感，让我可以勇敢地面对挑战。

两次的改变，都证明是正确的抉择；但就算遇到挫折，至少努力过了，对得起自己，不留遗憾。

留在安全区，一步步地往上爬，或是选择改变，接受挑战，没有一定的对错。端赖每个人依据不同的生涯规划，做出最适合自己的决定。因此最重要的是，你是否知道自己要的是什么？

关键词辞典

1. 安全——守住固有领域，在既有基础上努力。

2. 挑战——选择在最好的时候离开，提升自己的境界。

You And I

独特的 "I" 与 "I" 之间，除了剑拔弩张，还是有磨合的可能。

不同的独特彼此巧妙配搭，掌握合作的眉眉角角，有机会化阻力为助力，相得益彰，在职场上打一场胜仗。

1 坦率 vs. 圆融

年轻的真诚是优势，学习圆融建立人脉

团队是由很多"I"组成的，只有"I"与"I"互相帮助，才能在职场上打一场胜仗。

个人实力的累积，就像穿戴盔甲，干粮也准备好了，可以上场打仗。但是，如果没有战友的帮助，也不可能成功。

小康的能力很强，创意也不少，但是恃才傲物，个性强势直接，讲话容易不耐烦，不知不觉就得罪了一些人，虽然大家知道他很聪明，但不见得喜欢和他合作；阿凯个性圆融，沟通能力很强，专业能力也不错，和他一起工作如沐春风，大多数的人对他印象都不坏。

小康和阿凯，以后谁会比较有成就呢？我不是算命师，不能铁口直断。但职场是个 Team Work 的世界，一个人无法成就所有的事，一定有需要借助别人的地方，沟通的能力和态度非常重要。

态度的重要性，胜过能力等其他特质。态度好，你就拿到职场成绩一百分，态度不佳，能力再强都会被打折扣。

坦率和圆融孰优孰劣？其实各擅胜场。只要是站在真诚、不伤人和让事情更顺畅的前提下，有时坦率一点，有时圆融一些，其中拿捏的分寸，如人饮水冷暖自知。

年轻的真诚坦率就是优势

也许有人认为，在职场中，新人只会被当作菜鸟，处处居于劣势。其实年轻人的真诚坦率，本身就是一种优势，要把握这项优势，用好的态度塑造第一印象，多交朋友。

1986 年，我十八岁，刚进入《自由谈》，就成功地采访到滚石歌手陈淑桦，打响了记者生涯的第一炮。当时配合台北圆山动物园要迁移到木栅，滚石唱片举办《快乐天堂》跨年音乐会，我在前一天的彩排"乘虚而入"，顺利见到淑桦姐。

来年，滚石又办了一场跨年演唱会。"哈林"庾澄庆刚出道，由福茂唱片发行第一张专辑《伤心歌手》，他到演唱会现场探班。当时我十九岁，已经跳槽到《翡翠》杂志，福茂希望我能访问他。

"你看起来这么小，到底几岁啊？"

"还没当兵啊？"

"唉哟！怎么这么小……"

哈林当时二十六岁，造型前卫，好像一个动感的弹簧，随时随地都会跳起来，和那个封面背着电吉他很酷的"伤心歌手"，有点不太一样。一看到我，就噼里啪啦问了一堆问题，好像是他在访问我，而不是我在访问他，我被他逗得很乐，这是一次非常好玩的采访经历。

不管是巨星陈淑桦或是刚出道的庾澄庆，看到十八九岁的小毛头，由杂志社指派出来采访，煞有介事地递上名片，都会瞪大眼睛，充满好奇。

想想看，艺人接触过多少记者，不是经验老到的老油条，就是二十多岁刚从学校毕业努力装老成的菜鸟。像我这种小弟弟记者，还没有人见过。

年轻，洋溢着单纯的热情，在别人眼中，没有威胁性或别有所图，所以对你不设防，愿意帮助你。通过采访和拉广告，唱片公司的企宣人员甚至艺人，慢慢地和我成了可以谈天说地的忘年之交。我们的足迹和笑语，遍布各个咖啡馆。

离开《翡翠》杂志，我应召入伍。摸着刚理完的刺刺小平头，给这两年来遇见的前辈、好友和艺人们写信，告诉他们，我要去当兵了，包括正当红的潘迎紫在内。

魔鬼操练的日子里，每天的发信时间，是我们生活中难得的小确幸，但是抽查信件，也是长官们的小乐趣，这是军中的"潜规则"。

有一天，在平凡无奇的白色信封中，有一封粉红色的，还发出淡淡幽香，根本是发出明显的讯号，说："抽我！抽我！"

果然，班长挑起眉，迅速抽出。

"田定丰女朋友的信……"班长打开信，戏谑地念着内容，穿着紫色长纱巧笑倩兮的剧照也顺便飘了出来。

"啊！潘迎紫！"

"你是谁啊，为什么潘迎紫会写信给你？"

潘迎紫真的回信给我了！可能以前采访她时，给了她还蛮诚恳认真的印象吧。

当时最火的中视八点档《貂蝉》[1]，正由潘迎紫主演，看到她的来信，阿兵哥们都疯狂了。

---

[1] 《貂蝉》：1988年由潘迎紫与寇世勋合作主演的古装电视剧。

从此以后，每次出操，班长总是对我特别关切。

"阿丰，来来，可不可以帮我要张照片啊。"

"你一定可以到拍戏现场啰，下次带我进去看看好吗？"

雄壮威武的军中生活，就这样若有似无地飘着粉紫色的梦。

其实我要说的，并不是当兵的乐趣，而是人脉的经营。

工作上或大或小的表现，不仅让我们获得成就感，有时也会增添你在人际交往中的魅力。这不是功利主义，而是在人际往来中，你可以拿出来和别人分享的部分。也因为你的分享，大家更认识你，喜欢和你接近。**刚入职场的新鲜人，不妨坦率将自己的成绩，拿出来和别人分享，加深别人对你的印象。**

圆融塑造良好的第一印象

要给人好印象，第一次的接触很重要。

记得担任滚石宣传人员时，琐事一肩挑，忙碌得不得了。一忙就容易急躁，口气可能不太好，当下来不及说抱歉，事后又忘了致意，这样的情况周而复始。如果第一次接触时没有好好处理，以后人家把你当作拒绝往来户时，你还被蒙在鼓里呢。

媒体有大有小，重要性不一，但作为一名宣传人员，不能对他们有差别待遇。你怎么知道，现在接触的小报记者，以后会不会跳槽到大报呢？

各行各业都是一样。对人的态度粗心大意，不经意间就树立了许多"敌人"。你可能认为这些人以后不见得会碰到，万一碰到了，这些潜在"敌人"，可能成为事业上的阻碍。如果贴心一些，圆融一点，珍惜每一次的相处，把接触过的人都变成朋友，这些朋友，说不定哪天可以助你一臂之力。

第一次印象很重要，但如果搞砸了怎么办？

记得有一次，滚石企划和导演大吵一架，导演撂下话："那不拍总行了吧。"当然不行，怎么办？主管就要出面道歉、打圆场，工作才能顺利进行。

不小心说错了话，或情绪控制不住口气不好，一定要道歉。当然道歉不见得可以抚平裂痕。做错一件事说错一句话，可能必须花费千百倍的力气去解决，而且还未必能圆满收场。

演艺圈的人个性鲜明，不太懂得用较圆融的方式达成目标。很多事情都很简单，但是牵扯到情绪就复杂起来。在音乐圈二十多年的经历中，我花了很多的工夫解决同事和属下人际方面的问题，也因此培养出对人的敏锐度。

培养沟通能力，成功之钥

培养好的沟通能力，不论是坦率或圆融的方式，首先都要走入人群，克服害羞。

多年后的现在，有一次演讲后，一位年轻人在 Face Book 上发了讯息给我。他说，听了我的演讲，很感动，现场本来想举手发问，但因为害羞打了退堂鼓。

我鼓励他，要学好沟通能力这堂课，不然以后应聘，说都说不出来，主考官如何了解你的能力？如何对你产生信心？如何能塑造好的第一印象？

现在的年轻人，活在网络世界中。用手机和陌生人可以聊得不亦乐乎，或发表言论咄咄逼人，面对面沟通时，却害羞得说不出话来，只好装酷掩饰不安。

不论是真害羞假装酷，或是真的爱耍酷，都不是好的沟通模式。可能影响你给人的第一印象，也容易引起误会。

如何克服害羞？建议可以从朋友互动开始训练。大伙相聚时，将手机交出来，叠在一起，统统不准动。大家面对面聊天，交换情报，谈谈彼此的看法，增进感情，学习拿捏坦诚和圆融的眉角，是一件很棒的事。

年轻时借着工作，结交了许多不同领域的朋友，建立了长久的交情。当时不懂，这就是人脉。一个人成不成功，人际关系真的太重要了。

关键词辞典

1. 坦率——不是粗鲁，必须建立在真诚和设身处地的原则上。

2. 圆融——避免制造敌人，与人为善，未来可能成为事业上的助力。

2 伦理 vs. 阶级

注重职场伦理，去除僵化阶级观

注重辈分的伦理观，是职场运作的基本要素之一。但往往一不小心，就演变成为僵化的阶级思维。

职场伦理的功课，从初生牛犊到高阶主管，我各有两段难忘经历。前者是震撼教育，重重地点醒了我；后者则让我深深地反思自己。

初生牛犊，两次震撼教育

先从菜鸟阶段谈起。

第一次经历在 21 岁那年，滚石唱片没有职缺，于是进入滚石传播等待机会。我在台视《周日发烧友》担任电视节目小助理，负责大大小小的杂事。

"弟弟，帮我倒杯咖啡。"主持人喊我。

"某某，你的咖啡。"我递出杯子，匆匆地又去忙别的事了。没想到主持人却因此板起脸孔。

"这新来的小弟真不懂规矩，竟然直接叫我的名字，太没礼貌了！"

他到制作人那儿表达不满，我也着实被削了一顿。原来，以我的职位和辈分来说，确实不宜这样称呼他。他其实大我没几岁，我一厢情愿地认为，喊名字比较有亲切感，显然是不了解演艺圈的职场伦理。

身为小助理，不能直呼当红艺人和职场前辈的名讳，要叫"某某大哥"。

我想，当时如此"没大没小"，可能是过去的职场经验使然。在《自由谈》及《翡翠》当记者时，我和艺人们及唱片公司工作人员都是好朋友；当完兵后和过去的长官合伙开设广告公司，虽然年纪小，和伙伴们也大多是平起平坐的关系。

如今转换职场，身份也不一样了，我的确忽略了辈分的问题。

终于摸清演艺圈的行规，也检讨了自己对前辈的称呼确实是不够尊重。这次的震撼教育，让我学到职场伦理的第一课。

第二段经历，是在高中毕业的阶段。到处打零工的日子中，有一阵子我跟着戏组拍戏，担任小场记①。当时的导演火气很大，现场工作人员常被脏话骂来骂去，我这个小角色更是难以幸免。虽然没做错什么，被飙骂得莫名其妙，也只好摸摸鼻子认了。

我想，这是他们习惯的表达方式，认不认同是其次，至少让自己心放宽一点，去接受人的不同。

这两段经验，虽然是二十多年前的往事，但在当今的职场上，并不算过去式。

新鲜人进入职场，无法预期会遇见什么样个性的主管、老板和同事。如果因为被严厉指责，或冤枉挨骂，就潇洒地拂袖而去，我认为是一件很可惜的事。

当然大家都是伙伴，工作上平起平坐是理想的境界。但如果你进

---

① 场记：将影片现场拍摄的每个镜头的详细情况进行记录的工作人员，内容包括镜头号码、拍摄方法、镜头长度、演员的动作和对白、音响效果、布景、道具、服装、化妆等各方面的细节和数据。

入的工作场合注重辈分，强调长幼有序，年轻人也可以在其中学到珍贵的东西。

遇见情绪容易失控的主管或资深同事，你是否可以学习将心放宽一些，不要让自己的情绪受到影响？这样的修炼，对未来的职场历程，将有相当大的帮助。

职场经验，有的人一路顺遂，有的人则可能像我一样起起伏伏。能不能学习在自己低潮的时候，自在地弯下腰来，不要抱怨，等着再挺起腰杆的那天到来？

担任高阶主管，体悟大不同

担任高阶主管阶段，职位和辈分的转换，让我对职场伦理又有一番不同的观察。特别提出两段经历来和大家分享。

第一段经历是 26 岁时，我在 EMI 旗下成立了种子音乐公司，担任总经理。当时 EMI 旗下各公司之间，既合作又竞争，有时甚至达到剑拔弩张的程度。种子音乐既然做出可观成绩，自然也就对 EMI 的同业和歌手形成了不小的压力。

"田定丰，你对 EMI 有意见吗？" EMI 的歌手有一天突然毫无预警地打电话来呛声，直接指名找我。那位歌手是 EMI 的当红主将，在公司内部扮演大哥的角色，有时连老板也敬他三分。

从这位歌手无厘头的呛声，我观察了两个面向。

第一是职场伦理。

先看身份，呛声的歌手就算再怎么红，再怎么自认老大哥，也不能逾越艺人的身份，以老板代言人自居，向另一家关系企业的老板大小声，非常不得体。

其次，就算再怎么不满，也不该内讧。

当下我并没有作任何反应，他不是我旗下的艺人，任何问题都不归我管。我只有将这件事转告他的老板，由他的老板自行处理。

第二，反观自己人生的功课。

就像那位歌手一样，我也总是要让自己看起来很跩、很强，其实骨子里有几分是为了要自我保护。只有当自己有一天跌到了，我才知道，谦虚包容，才是真正自信的表现。

第二段经历，在我 30 多岁经历失败，重启种子音乐的时期。

我观察到自己旗下或同业中，有些经纪人会觉得自己带的艺人很了不起，可以挑出别人上百个毛病，借此表现自己很专业。就像《圣经》里说的："看得见别人眼里的一针刺，却看不见自己眼中的梁木。"[①]

他们可能以为，以他们的身份和职位，当然可以对宣传、企划等同仁颐指气使，为挑毛病而挑毛病。但这样只会打击同事的信心，对工作一点帮助也没有。这种现象虽然是演艺圈的现况，却是一种僵化的阶级心态，必须改变。

最好的方式，应该是依照经纪人的专业，提出建设性的问题，甚至提出方法，和同事一起解决。同样是提出问题，这样的方式让人感受完全不同。

---

① 看得见别人眼里的一针刺，却看不见自己眼中的梁木：《圣经·马太福音》：为什么看见你弟兄眼中有刺，却不想自己眼中有梁木呢。你自己眼中有梁木，怎能对你弟兄说，容我去掉你眼中的刺呢。你这假冒伪善的人，先去掉自己眼中的梁木，然后才能看得清楚，以去掉你弟兄眼中的刺。喻指人们光看到别人的小毛病，却没看到自己有的大问题。

太强调阶级高低，不论是非，只管官大学问大，不理会工作效率，绝非好现象。在僵化的阶级观中浸泡久了，眼界愈来愈窄，就像井底之蛙。

不当困在池塘里的大鱼

每个行业都只是一个小小的池塘。许多人在池塘里游来游去，都不知道外面的大江大海有多么开阔，也不知道除了池塘的生物，世界上还有多少千奇百怪的鱼种。有人说，这是职场的现实，我却认为这是件可怕的事。

不管是什么行业，可能都只是小池塘，也许小池塘是可有可无的。如果不去看看世界发生了什么事，心胸不可能宽大，视野不会开阔。

当我们在工作时，呼吸吐纳，都是职场里八卦的空气，或是僵化的阶级观。下了班，同行应酬，再把酱缸的陈腐气息，放出来让别人呼吸。重复吸吐的空气，氧气愈来愈稀薄，有害的"二氧化碳"却越来越多，会让大家的脑袋，愈来愈缺氧。

游出小池塘的方法有很多种。

首先，多和不同行业的朋友聊天，如金融圈等。我一向对各式产业抱持高度的好奇心，愈不懂的领域，我愈有兴趣。了解愈多，视野愈广。

其次，培养跨领域阅读的习惯。除了金融商业之外，也可按自己的兴趣，选择涉猎的几个主要方向。

第三，投资基金或股票。借着小小的投资，可以了解投资标的①国的政经情势，成为通往世界的一扇窗。

拓展眼界，表面上和伦理或阶级观似乎关系不大，实质上却有助跳脱僵化的思维。当主管的，可以更有气度，管理得更好。当下属的，也不会导致自我局限，重蹈前辈的覆辙。

关键词辞典

1. 伦理——注重辈分和职位，是职场运作的基本要素之一。
2. 阶级——僵化的辈分观念，阻碍公司运作和成长。

---

① 标的：指契约里的交易对象。

3 争执 vs. 退让

有实力声音大，沟通需要眉角

刚满 20 岁进入滚石唱片担任平面部小助理时，我就像走进人际沟通的大观园。眼观六路耳听八方，似假若真的话在身边流窜，让我叹为观止。

"搞什么！说话不算话，你们这个节目是玩诈骗的吗？当时说好的单元，到了现场却不一样。滚石就把你们列为拒绝往来户，等着瞧好了！"

滚石唱片公司的宣传人员，一位平常看来清秀文雅的姐姐，恰北北①地一手叉腰，一手抓电话，对着话筒那端猛飙脏话。我一面剪报，一面惊讶地竖起耳朵听，有点被吓到了。

为什么平常客客气气的人，可以吵得这么理直气壮？理由就是，滚石是个大公司，有实力，说话声音就大。我边听边看，觉得吵架可以说是沟通的眉角，实在是奥妙无穷。

公司大，声音就大

原来是公司的歌手去上节目，本来讲好要谈新专辑的，结果却无预警地被逼问目前暧昧的感情。陪同的宣传当场不便发作，回来和主

---

① 恰北北：闽南语"刺耙耙"的译音，泼辣、强势、凶巴巴或是脾气很不好的意思。

管谈过之后，竟打电话到制作单位开骂。

过了几分钟，制作单位头儿打电话来道歉，直接找我们主管。

我们的主管这样回话："我当然知道你们有你们的难处啊，只是下面的人都吵成这样了，我们来想想看怎么解决嘛。我们的歌手节目上都上了，可有顾到你们的面子喔，那也不能让我们吃闷亏啊，不然我底下的人以后怎么做事？"

宣传姐姐和咱们的主管，针对同一件事，表现出来的态度很不一样。宣传姐姐显然扮的是黑脸，主管扮的是白脸，他们是碰巧福至心灵，还是约好了唱双簧？

答案是："默契。"

主管授意："这件事，你可以去弄破，我来修。"

宣传人员拿到尚方宝剑，胆子就大了，可以对着制作单位呛声。有时候狠话可以讲死，有时候只能讲一半，点到为止，太嚣张会破坏关系，太含蓄力度又不够，人家可能不甩。如何拿捏分寸是一大学问，尺度巧妙各有不同，就看个人功力如何。

唱片公司的宣传主管，最重要的工作就是折冲磨合，和制作单位维持一种恐怖平衡的关系。

发生冲突时，要让底下的人适当抗议，不能没有声音，不然以后铁定会被欺负，传开了，大家都知道滚石歌手可以予取予求，就麻烦了；但是声音的分贝也不能调得太高，不能真的撕破脸，尤其有些制作单位很红，赌气不上节目？简直是开自家艺人前途的玩笑。

解决的艺术是，不小心吃了亏，必须向制作单位要求补点东西回来，例如再安排录像单歌宣传。这像是一场尔虞我诈的政治游戏。

公司大，声音就大，条件也好谈。

政治游戏的大前提，就是扛着滚石这块招牌，宣传人员知道自己几斤几两。我们有这么多的当红歌手，制作单位就算被骂，也不敢封杀我们啊。

身为小助理的我，光是竖起耳朵听，就感受到不少人际沟通的智慧。等于是事先预习，帮助我在日后真正负责宣传时避开了不少"地雷"。

以退为进，胜过据理力争

年轻人做事，通常据理力争，得理不饶人，决不肯吃一点儿亏。由上述人际沟通眉角，可以发现，**有些事就算真理站在你这边，却宁可先退一步，吃点闷亏。迂回一下，反而更容易把失去的东西补回来；相对的，直接据理力争，反而欲速而不达。**

要力争，除了"据理"，还要看"本钱"。当你掌握别人没有的筹码，不用力争，"理"自然站在你这边。

宣传人员和制作单位沟通的时候如此，员工面对老板，主管面对属下，或业务人员面对客户，都是如此。

某一场演讲，有位年轻人问我："丰和日丽摄影书，你花了八个月的时间在台湾各地拍摄，你是老板，当然可以这么做，追求自己的梦想。但是，身为小职员的我，一年只有七天的假期，如何能够实现我的梦想呢？"

我回答他。首先，我是种子音乐的老板，但出门拍照时，仍须通过网络工作。

其次，当你的价值大到老板没有你不行时，就可以找老板谈谈你想要做的事，也许有机会争取更多的假期。因此，在正职之外，追求自己梦想的必备条件，就是先创造自己在职场上无可取代的价值。

这就是本钱雄厚，说话就理直气壮的道理。

有本钱，才能据理力争

另一场演讲，有人向我求救："公司有一项产品要通过电视节目营销，老板看中的节目，并不适合公司的产品，硬推的结果，就是效果不佳。但是事情搞砸之后，老板却反过来责怪我，为什么要推这么差的计划。我该怎么办？"

我回答："和老板沟通时，最有力的'本钱'就是节目收视调查，和产品的目标客户定位。按节目收视族群的年龄百分比，与产品的目标客户相互比对，就可以得知这个节目到底适不适合公司的产品。你向老板提过这项科学数据吗？"

按市场调查信息，我们可以佐证自己的想法，甚至发现其实老板的坚持才是对的。千万不能只凭感觉就下决定，或者只凭感觉就认定老板不通情理，要按科学数据理性沟通。

依我的经验，唱片公司的企划人员很喜欢强调感觉，但只靠感觉很危险，未来唱片上市营销，可能抓不住市场的需求。我认为，即便是音乐或艺术之类感性领域，仍有科学性的脉络可循。

除了科学数据，态度更决定了和老板沟通的成效。把先入为主的观念去掉，不要认定老板一定不会接受你的看法，如此一来，才能用较好的态度诚恳沟通。

以流行音乐的管理经验为例，我就常被部属说服。例如主打歌的选择，开放员工投票，若票选的结果与我的想法不同，我一定会听。

因此，"本钱"加上良好的态度，是沟通的两把密钥。

关键词辞典

1. 争执——有本钱，才能据理力争。

2. 退让——有些事宁可先退一步，直接据理力争，反而欲速则不达。

4 认错 vs. 硬拗

诚心认错不硬拗，获得尊重

按着本性，没有人喜欢认错，都是为了顾面子，能硬拗就硬拗。但残酷的是，依职场原理，做错了硬拗，一时赚了面子，未来可能输了里子。一而再再而三的硬拗，就像放羊的孩子，恐怕别人对你失去了信任，顶头上司也不愿赋予你重任，得不偿失。

十八九岁时在《自由谈》担任采访编辑，我被指派访问陈淑桦。因为不懂行规，我没有通过滚石唱片就访问了淑桦姐，还自己约了她拍摄封面照片，引起滚石唱片的不快。

在那个摊牌饭局，我诚恳地认错，因为自己真的只是个刚出社会的小毛头，什么都不懂，做错了就认错，还有什么别的更好办法？单纯的我，还好还没学会硬拗，诚恳的态度，反而赢得流行音乐圈的肯定。

如果当时我年轻气盛，认为自己不知者无罪，反呛滚石，那么可能不会有今天的田定丰了。至少，音乐这条路，将会是荆棘重重。

诚心认错虽然是一件相当纠结的事，但只要愿意放下身段去做，长久纠葛的心结可能有机会打开，烫手山芋般的工作，也有机会否极泰来。原本的危机，反而可转化为一桩美事。

20 世纪末，我担任上华总监，负责砍人砍预算，变成全民公敌。当时上华最重要的天后歌手就是许茹芸，她独特的气音唱腔，创造出一首又一首传唱的经典歌曲。

由于是公司最重要的歌手，我们也感受到如何让天后继续发光发热的压力！由于她经过原来公司转卖给国际公司，人事大幅更迭，可想而知她的心理压力，还有对新团队完全陌生的问题带来的不安全感。

于是，整张专辑从制作、企划包装到营销宣传，她运用她的人脉和资源主导了整张专辑过程。

在当时公司的那种气氛中，我选择放手。甚至在专辑后面的工作人员名单，我也在最后看印刷打样时，意气用事地抽掉了自己的名字。

后来，她选择做自己喜欢的音乐，不跟随主流市场的脚步，和一些很有想法的音乐人合作，创造不同以往的芸式音乐风格。

自从上华那张专辑之后，我们就未曾有过联系，这些年我们各自经历生命中许多的课题，才又偶然相遇，我们约在忠孝东路①的咖啡馆，重拾缘分的过程，平淡中别有滋味。

"定丰，要先跟你说，以前在上华，真的很不好意思。"

简单的几个字，滤去了过去的批评和怒气。短短的一句抱歉，像清泉般流淌而下，过去的剑拔弩张统统被弭平。我释然了，对她的情绪也放了下来。

她主动释放善意的气度，让我重新反省自己当年处理关系的不够成熟。

如果，当时我们的角色互换，我被新来的团队大砍预算，裁撤信任的工作人员会有什么反应呢？

也许会比她当时的不信任做法更为激烈吧！所以，该道歉的人难

---

① 忠孝东路：台北地区地价最贵，最具人气的商圈。

道不是自己吗！

以前在那样兵荒马乱的时机，我和她擦身而过，没有为她营销企划。多年前未完成的机缘，很奇妙地又回来了。

也是因为这份机缘，我才一直希望和许茹芸合作，弥补心中那份缺憾！我们不只在后来的工作中培养出绝佳的默契，还变成生活中无所不谈的朋友。

"成见"本来就是自己心中画下的一条线，也会因为这条线而错失许多原本美丽的相遇。如果不是许茹芸先擦去这条线，也许我们就真的在彼此的生命中，错失了这段关系。

我也学习到，真正开口说抱歉的人，不是真正犯错的人。而是他有足够宽容的胸襟和自信，去成就更多事物原本该有的期望，让许多原本看似的阻力转变成助力。

关键词辞典

1. 认错——是解决困境的起点。

2. 硬拗——赚得一时的面子，未来可能输了里子。

5 情绪 vs. 忍耐

两场情绪失控的教训

面对误会和冲突，你懂得如何让自己的情绪悬崖勒马吗？我有两次失控的教训，至今仍历历在目。

化解误会，把握第一时间

第一次，是种子音乐在科艺百代 (EMI) 旗下成立后的三四年间。在十多位同仁胼手胝足打拼之下，种子音乐走过筚路蓝缕的阶段，开始枝繁叶茂了起来。

这时，传来总公司 EMI 即将买下点将唱片的消息。

当时 EMI 亚太区副总裁洪迪，把详情告诉我。

"定丰，我想你已经知道我们 EMI 要并购点将唱片的事了，但我这回来台，还有更重要的任务，就是我们亚太区特别是台湾部分，要重新规划调整。"

"按照损益分析的结果，我们觉得点将必须和种子合并，避免叠床架屋。两家公司的资源做有效的整合，才能发挥更优质的战力。至于合并之后公司的运作，我想就由点将的桂鸣玉担任总经理，你是执行副总，但总公司的意思是，所有业务由你来执行。"

总公司的决定，令我相当震惊。合并说来容易，但做起来难度超乎想象。

首先，虽然我也是从点将出来的，但经过这么多年的历练，已经塑造了种子音乐的独有风格，和点将的文化绝对有差异，如何顺利融合接轨呢？

其次，桂姐担任总经理，在辈分上理应如此，但按照总部的规划，实际主导执行的人是我，这个重责大任我担得下来吗？

这些年来，点将唱片做得有声有色。除了原有的张清芳、江惠、林慧萍、优客李林和曾淑勤之外，还陆续签下蔡琴、江淑娜、伍思凯、童安格、施文彬、陈亚兰等艺人，是点将的巅峰时代。点将规模逐渐扩充，工作人员也愈来愈多。许多的艺人和工作人员，都不是我所熟悉的，要执行总公司的计划，非常棘手。

"点将和艺人签下的合约，我们发现有许多不合理的地方。部分歌手，或者到期之后重新签下较合理的合约，或者总公司考虑就不续约了；至于种子，有些艺人总公司也有异议。合并之后，这些部分都要你来好好处理。"

这是一份棘手的任务，我必须扮演坏人，大刀阔斧地改变，甚至裁撤部分人手，解约艺人。接或不接，我很矛盾，心中迟迟没有答案。

兀自犹疑不定，鸭子划水[1]的消息，就传了出去。

《民生报》刊载了内幕消息："EMI买下点将，点将与种子将走向合并，桂鸣玉任新公司总经理，执行副总由田定丰……"

新闻中还有许多我所不知道的讯息，像是EMI买下点将的详细合约内容、复杂的条件、桂姐将在合并后的新公司待几年等。不仅同业

----

① 鸭子划水：鸭子划水时，人们只看见鸭子在水面上悠闲地、安逸地游动着，却不知道它那在水下的鸭掌正在拼命、奋力地划动。引申为人在背后所付出的辛劳与努力。

看了议论纷纷，连我都吓了一大跳。

当时桂姐人在美国，看了新闻之后勃然大怒，马上打电话给大中华区的总裁马修："到底是谁泄露了这个消息？真是居心叵测！"

"桂总，我们还在谈，我怎么可能自己把消息曝光？影响我们日后的合作？至于是谁说的，我也很纳闷，可能要问问《民生报》的记者，他的消息来源是什么。"

桂姐非常激动，认为参与谈判的高阶人士就这么几个人，马修不可能自打嘴巴，知道内幕消息的人，除了田定丰还有谁？桂姐怀疑我是为夺权而泄密。

桂姐的情绪反弹，严重影响后续的商谈，合并可能出现变量，EMI总公司也相当关切。

当时的我，不到30岁，血气方刚，百口莫辩中，脾气也无端被撩起。

风云诡谲，真真假假消息满天飞，该是快刀斩乱麻的时候了。

"我决定离开。"我告诉洪迪。不可否认自己的确有情绪，但这样的决定，至少可以为EMI解决棘手的难题，总部应该可以松口气。

夺权？从没有过这样的想法，黑锅就这样莫名其妙地背在我身上。

许多年后，遇见这位《民生报》的记者。

"听说当时你闪电离开EMI，是因为我那篇报道的关系？真的很不好意思。"记者大哥提起这件轰动一时的往事。

"这已经是很久以前的事了，早就过去了……"我淡淡地说。

其实《民生报》记者写的一点都没有错，只是在不该见报的时候曝了光。相对地，也让我从剪不断理还乱的变数中，抽身而出。

后来在某个场合中，无预期地遇见桂姐。过去曾有的冲突，我们都没有主动提起。激烈的情绪，似乎随着时间，淡成云烟。

回头省思，当时的我，在盛怒之下，放弃第一时间解释的机会，处理的方式非常不成熟。回想当初进入点将，获得桂姐的重用拔擢，让我的音乐职涯更上一层楼，我们的关系，却任凭误会而撕裂，是一件令人惋惜的事。

如果是现在的我，就会当下耐住性子，主动打电话给桂姐，诚恳地解释。

"桂姐，也许你听到一些情况，但事情是这样的……关于 EMI 的决策，我没有向外界吐露半个字。很多详细的内容，我也不清楚。"

这才是正确的沟通方式，只是当时已惘然。**情绪真像是只抓狂的野马，防止它失控的缰绳，就握在自己的手上，只看自己愿不愿意用力抓住。**

化解冲突，放下面子沟通

第二件事，发生在担任上华音乐总监的时候。台湾宝丽金刚买下上华唱片，台湾宝丽金的老板找上我，希望我来管理上华。

来到上华，我把办公室的格局改了。同事一进到我的办公室，偌大的海水水族箱就横在眼前，转了个弯，才会看到倚靠大片玻璃窗的我。

"火焰神仙、公子小丑、蓝倒吊、粉蓝倒吊……"[1]

---

[1] 火焰神仙、公子小丑、蓝倒吊、粉蓝倒吊：均为观赏鱼品种。

这些迷人的小东西啊，有的蓝底黑条，有的橘底镶黑，有的鲜黄，有的萤绿。它们时不时从这一头，漂到那头；有时故意跟我捉迷藏，突然不见了，又从海葵中探头出来。它们投影在我眼底，把我的瞳孔变成了调色盘。

我撑着头，深陷在办公座椅中，让这深蓝魅惑的世界，充满我的视线，阻隔外界所有的一切。只有如此，我的心灵，才能获得片刻宁静。

三十出头的我，意气风发地进入国际音乐公司，一心想通过财务的眼光来管理企业，这对我来说是崭新的境界。我必须负责砍人、砍预算，承受相当大的压力。

九二一大地震[1]那一晚，可怕的哐啷哐啷声好像永远不会停止，酒柜里的红酒乒乒乓乓掉地奔逃，家里一片漆黑。惊魂甫定，我马上想到，公司水族箱里的宝贝们恐怕凶多吉少了。

隔天到办公室，果然，碎裂的玻璃和斑斓扭曲发臭的鱼尸，铺成了地毯。

过了几天，我召开例行的检讨会议。

"美华，×××的方案进度还好吗？"

"都按进度在做啊，你是在问什么？是指哪一项进度？"美华口气很不耐烦。

"哪一项？你就给我报告每一项的进度。"

"好啊，来啊，从哪一项开始报告？我悉听尊便。"

"OK，就从 ×× 开始，你知道哪里漏掉了吗？"

---

[1] 九二一大地震：又称集集大地震，1999 年 9 月 21 日，台湾南投发生的 20 世纪末台湾最大的地震，里氏 7.6 级，全过程持续 102 秒。造成 2400 多人死亡、逾万人受伤、近 11 万户房屋倒塌，估计经济损失 92 亿美元。

"没有啊，你搞错了。"她的态度傲慢。

"你这是什么态度？"我把文件丢过去。

"我就是这样，哪有什么态度？"她把头一甩，根本不正眼看我。

整个办公室的开放空间里，我和美华对骂，音量愈飙愈高。三四十位与会的同事面面相觑，噤声不语。美华的态度踩到我的底线，我的火气愈来愈大。

"在这家公司，不要再让我看到你，你现在就出去，收拾东西就走人。"

我听到我的面子碎裂的声音，哐啷哐啷，乒乒乓乓。就像九二一地震的隔天，我的办公室，满地碎裂的玻璃和发臭的鱼尸……

"我到底在做什么？"

努力执行老板交代的任务，但是痛苦得不得了，工作时精神紧绷，动不动就发怒。

美华走了，她是我带进上华的人，企划能力很强，是我的左右手，我竟然在盛怒下骂走了她。尽管在上华，在老板的要求下，不得不裁员，但任何一位员工，我都不舍得他们离开，何况是美华呢？

没错，她冒犯了我，但罪至于此吗？她当众让我没面子，但我回骂，变成两人互骂，难道不是更没面子？我的面子，到底值多少钱？这么丢不起。

许多年后的今天，想起这件事，后悔莫及的感觉仍未消散。

如果我当时可以忍耐，把身为主管的自尊放在一边，找她到办公室好好谈一谈，事情将会完全不同。也许美华态度不佳有背后的原因，可能有无法解决的难题需要我帮忙。

有时情绪只是表象，情绪勾引情绪，事情就模糊看不清了。当我们被别人的情绪激怒，该怎么办？

首先，要提醒自己，先安静下来。如果无法按捺怒气，就离开"事发现场"，眼不见为净，会比较容易平复。

第二步，找对方私下恳谈，了解背后的原因，再想办法解决。

除了面对面的情绪失控，网络上的情绪发泄，有时就像野火燎原，影响力甚至大过实体世界。

以 Face Book 来说，我们常常看到情绪性的留言，骂老板、批评同事、聊八卦的讯息充斥。就算隐私设定不公开，仅限朋友浏览留言，但是朋友间一再转贴，或口耳相传，很快就会传到当事人耳中。老板或上司知道了，你恐怕会被列入黑名单；同事或朋友知道了，也会造成难以弥补的撕裂。

Face Book 发言，代表个人的人格特质。部分企业用人，会要求交出 Face Book 账号就是这个道理。不管是求职者或上班族，在 Face Book 逞一时之口快，都是得不偿失的。

以我自己为例，也曾经在 Face Book 上痛骂一位违反诚信的同行，引起轩然大波。虽然马上撤下，但负面影响力却已产生。

为什么要在网络上丢出负面的东西，来影响别人呢？发表了就会比较开心吗？就算不是当事者，只是看看热闹，除了满足偷窥欲，还有什么正面意义吗？

我常在 Face Book 上传照片，并写下当时的心境；或针对大家关心的时事，发表我的看法，且选择适当的情境照片来搭配。往往一 PO 上网，按赞的人数就不停累积，从数十、数百、上千一直到数万。为什么可以聚集这么多的人气?

主要理由是，我展现的是真实、真诚的自己，分享我现在正在从事的回馈工作，希望带给别人正面的力量，激励人心中那道微弱的光，可以再度挑亮起来。

情绪是心中的魔鬼，不管是在网络上或是真实世界，我们都不能任凭它张牙舞爪，否则付出的代价就是人际关系上大大小小的缺口。

关键词辞典

1. 情绪——是心中的魔鬼，不能任凭它张牙舞爪，否则付出的代价就是人际关系上大大小小的缺口。

2. 忍耐——面对误会或冲突，先安静下来或暂时离开事发现场，其次找对方私下恳谈，了解背后的原因，再想办法解决。

6 间接 vs. 坦诚

空中传话的后果，坦诚沟通的好处

坦诚沟通不容易，但不坦诚事情更糟。空中传话是最坏的示范，我的惨痛经验就是最好的教训。

事情发生在 EMI 打算让点将与种子音乐合并之际。招牌歌手张信哲和种子音乐的合约只剩下 8 个月。耳语如风，有意无意吹到我耳中，有人告诉我："听说张信哲跟 SONY 在谈……"我觉得心被狠狠地砍了一刀。

空中传话，和张信哲渐行渐远

其实早已有迹可循，只是我一直以为，我和阿哲的长久友谊经得起考验。

阿哲攀上事业的高峰，希望自己有所突破和改变，是理所当然的事。身为他的好友和工作伙伴，我虽赞成，却希望他仍能保有自己的本质，不要失去他最值得珍视的特性。

对我而言，能够把情歌唱得荡气回肠的，在国内没有几个人，而阿哲就是其中的佼佼者，这就是他最宝贵的天赋。如果要他唱得像酷酷的王菲，或像摇滚的庾澄庆，那就不是张信哲了。

但信哲的眼界开了，接触面广了，许多不同的声音，开始在周围出现。来自香港地区、新加坡的艺人和工作团队，带来了新的信息，包括发型、化妆、造型、照片拍摄或音乐影片的编导，都有不同的做法；就连唱腔也有新的变化，让阿哲跃跃欲试，我担心会模糊了阿哲的本质。

我的看法是，一张专辑中，可以有几首让别的团队玩玩看，但主轴仍要守住基本盘。以《梦想》那张专辑为例，就有几首让人耳目一新，展现不一样的张信哲，其余的部分，还是情歌。这样的规划方式，由市场的反应来看，证明我是对的。

但是，渐渐地发现，我和阿哲之间，似乎隔了一道若有似无的墙。碰面时，好像默契依旧，却什么话都不坦白说；表面平静无波，私下却暗潮汹涌。

"阿哲说，这张专辑，他想添加一点 R&B。"

"阿哲说，音乐影片，他想要一些场景。"

"阿哲说……"

这么多的阿哲说，都不是他当面对我说，而是种子音乐的工作人员这么说。

"我们又没有交恶，为什么要通过别人在空中传话？""这样的间接沟通方式不对吧！有话为什么不面对面讨论呢？"

心灰意冷。但是赌气的我，没有主动打破僵局，竟然有样学样，也将我的想法反映给同事，让同事继续扮演传声筒。

长达七八年的携手岁月，多半由我主导所有核心和细节，阿哲是否想要更大的空间呢？

"为什么都要听你的？""和不同的音乐人讨论沟通，可以激荡更多元的创意……"我相信，这些想法已经在阿哲心中悄悄滋生。

"我们本来就是伙伴，不一定非要谁听谁的呀！"我在心中，一遍遍地模拟和阿哲的对话。

感情如此深厚的我们，竟然深陷在如此不良的互动方式中。一直到关于阿哲想异动的耳语传来，终于点燃了我情绪的导火线。

"好吧，想跳槽就跳啊。"我赌气地想着。

年轻的心，容不下一粒沙。

张信哲的第一次世界巡回个人演唱会，正紧锣密鼓进行当中，最后一站，也是最关键的一站将在台北举行，规划有三场。第一场，我在幕后，全程监控所有的过程，但是并没有让阿哲知道。我不想让他发现，其实我非常的关心，和以前一模一样。

第一场画下完美的句点，我放下了心，默默地收拾了行李，飞到温哥华①。第二场、第三场，我知道，掀起的热潮将喧腾不散，但我不愿再参与。

温哥华，世界上最宜居的都市。

那时是春天，因为高纬度的关系，温度只有摄氏十几度，等于是台湾的冬天了。但阳光很好，街上男女老幼，多半穿着短袖，我也入境随俗。晒着暖暖的阳光，心也热起来，但到了阴影处，却感受到难挡的寒意。

有时，我晨起绕着湖散步，那儿的湖啊，简直像个一望无际的海洋；有时，我坐在公园发呆，看着松鼠肆无忌惮地向人讨食、鸽子成

---

① 温哥华：加拿大不列颠哥伦比亚省低陆平原地区一沿岸城市，在各项世界最佳居住城市的调查中名列前茅。是北美洲继洛杉矶、纽约之后的第三大制片中心，素有北方好莱坞之称。

群地在广场上游走，看着参天的树，绵延的花海；或者，我到码头绕绕，看着夕阳余晖映着船舶，在海面上洒下金光。

温哥华，一切都是大，都是高，都是宽，和台北很不一样。我待了一个多月，是沉淀，也是逃避。

"我和阿哲太亲密了，太亲密的结果，就是太在意。太在意，就会想：'你怎么这样对我？''你该懂我的啊！''我也该懂他的啊！'我们对彼此有太高的期望，期望太高又不明讲，裂痕就开始出现……"

"我是公司的总经理，怎么可以这么孩子气？"

回到台北。我觉得，该是找阿哲聊一聊的时候了。

我主动打了电话说："阿哲，我们来聊聊好吗？约个时间吧。"话筒那端的阿哲，听语气，似乎是吓了一大跳。

约在咖啡馆，我坐在光影里，望着窗外，很久很久，阿哲都没有出现。

拨电话："嘟嘟嘟……"

迟迟没有人应答。

"阿哲应该是和别人谈得差不多了。"我呆坐着，心中了然。

"已经做了决定，但不知道怎么跟我讲，干脆避不见面，免得尴尬。"

"太了解他了，应该就是这样……"

和 EMI 亚太区总裁马修谈这件事。马修说，他也听过这类传言，直接问了阿哲，但阿哲说并没有。

到底该怎么做？

既然已经了解他的决定，我和他尽管还有八个月合约的经理人关系，我可以用合约卡住他，暂时将他绑得无法动弹，但是又有什么意义呢？我决定放手，明快地放手，代表我最后对他的包容和善意。

于是，我寄了存证信函给他。

"……虽然合约尚未到期，张信哲可以自由地与任何公司签约合作，不受合约的限制……"

好友即将开启新的生涯，原谅我无法强颜欢送，但至少可以为他清除路障。让他心无旁骛，"忘记背后，努力面前的，向着标杆直跑……"我想起《圣经·腓立比书》里的一段话。

耳语和猜测，就像裂缝中的杂草，暗暗地滋生，不知不觉地倾斜了墙面，动摇了根基。事情的演变，完全出乎意料，善意的放手，竟变成擦枪走火。

《中国时报》登出了独家新闻："田定丰寄出存证信函，与张信哲提前解约，张信哲可望投身SONY阵营……相知相惜的多年伙伴，形同陌路……"

见诸媒体之后，表面上看起来，似乎是田定丰通过媒体间接放话，先下手为强，要给有异心的张信哲一点颜色瞧瞧。但事实上，我完全没有向媒体透露任何消息，却也没有把握机会向阿哲解释。原来已经有裂痕的关系，撕裂得愈来愈大，再也无法挽回。

事隔十年，在机场巧遇阿哲。

"最近好不好？"

"一样啊，你呢？"

我和阿哲相视笑笑，淡淡地寒暄。好友的缘分，已经告一段落。

阿哲挥别种子音乐之后，真的加入 SONY 的行列。现在，阿哲拥有自己的公司，在大陆也有很好的发展。

阿哲个人演唱会和各类商演在大陆应接不暇，广为传唱的歌曲都是当时我们在巨石、种子音乐时期呕心沥血的作品。他在种子音乐时期拿下金曲奖最佳男歌手的最高荣誉，我和张妈妈在台下相拥喜极而泣，这些画面我一直记得。无论如何，我们曾有的深厚友谊，就这样继续传唱着……

坦白沟通机会，连连错失

和阿哲渐行渐远的过程，肇因于错失三个坦白沟通的机会。

首先，在空中传话的阶段，如果我能够主动找阿哲聊聊，以同理心看待阿哲想改变的企图心，适度调整自己一把抓的管理风格，事情可能有所转圜。

其次，我认定被阿哲背叛，大大地激怒自己，选择在阿哲重要演唱会时远走加拿大，丧失了第二次开诚布公的机会。想通后回国，一切都来不及了。

最后，我一厢情愿地寄出存证信函，却擦枪走火。任凭误会蔓延，没有主动解释，自以为是的善意放手变成恶意的放弃，等于放走了弥补裂痕的最后契机。

对一位管理者来说，站在公司的角度，说什么也不该将公司的第一大王牌拱手让人。为了经营，再怎么委屈也要隐忍下来，不该感情用事。当时的我，太任性，太不成熟，用田定丰的个人感觉来处理事情，

是个错误示范。

汲取教训，赢回吴克群

几年后，我经历失败，重启种子音乐，在流行音乐界再度崭露头角。我旗下的主力歌手吴克群，不但入围金曲奖，还在鸟巢演出音乐剧，中央电视台春晚献声，摇身一变，成为在两岸都相当具有影响力的创作型畅销歌手。

登上巅峰的吴克群，受到簇拥包围。周围开始出现许多的声音，自己也想做进一步的突破。

"老大，有一家经纪人公司要跟我谈呢。我想先告诉你一声。"

"好啊，去聊聊看也好，多了解一下别的公司的看法。"

经历过惨痛教训的我，再也不是过去任性的田定丰。因此，剧情的演变发展，将跳脱历史的循环，峰回路转。

"嗯，老板，有件事不晓得你知不知道，听说克群在跟别人谈耶，现在同行们都在传……"

"喔，这个我知道，克群之前跟我说过。"

部属告诉我这个讯息，而贴心的克群已经事先和我打过招呼，让我免去负面情绪的波动。但是，就算我事先不知道，难道就会责怪他，嫌他不够义气？

不会的，后来的我，听到什么风声，一定会先问当事人，把事情厘清。从阿哲到克群，我学到了功课，朋友之间的感情，不要被别人的言语牵着走，任凭它被破坏。以信任为基础，感情才会坚固。

"老大，能不能经纪方面交给别的公司做做看？唱片还是由种子主导？"

"可以谈谈看啊，如果这家经理人公司真的能力很好，我也支持。大家可以讨论一下，怎么样合作搭配，让克群你可以发展得更好。"

克群不只接触这家经理人公司。他眼界开了，接收到的讯息琳琅满目，也逐渐形成了自己的看法。

只是，他接触外界的过程，都在我的眼底，虽然我不介入，但克群都会告诉我。

我静静等着。克群接触了一轮之后，终于做了决定。

"老大，我还是要留在种子音乐。把经纪事务切割出去的方式，我觉得此时不见得是最 OK 的做法。最重要的是，我觉得种子音乐和我很已经很有默契。对我来说，工作和发展很重要，但长久以来的革命情感更重要。"

听到克群这么说，我放下心中的大石头。和阿哲之间的一幕幕往事，又重新快速倒带回转，被洗涤得清亮。我于是放下了，释然了。

坦诚沟通真的是最好的方法。这一次，我做对了。

关键词辞典

1. 间接——空中传话是最坏的沟通。

2. 坦诚——是面对问题，最好的解决之道。

7 扞格 vs. 适应

大陆经验，一窥内地商场职场堂奥

大陆和台湾，在生活方式、价值观等各方面，都有显著的不同。刚开始难免格格不入，但要在内地发展，就得融入他们、理解并适应他们。

有三段经历让我记忆犹新，其中包含由扞格到适应的过程，可一窥内地商场和职场的堂奥。

有关系就没关系

第一次是在 2003 年重启种子音乐时，我们面对的是截然不同的流行音乐市场。公司的营收，部分仰赖在线音乐和电信运营商的收入。

我们派了一位主管到北京种子音乐办事处，负责电信运营商的业务。通常，一首歌可以授权给几十家服务商（SP），服务商制作成彩铃提供给电信公司，费用三方拆账。

我们的主管却私下和其中一家公司签下一纸合约，白纸黑字写着："三年之内，种子音乐的所有歌曲，独家授权某某服务商，合约金人民币五万元整……"

当一首歌可以回收上千万人民币，我们种子音乐五年内的所有音乐独家授权这家服务商，却只获得五万元人民币？这不是卖身契吗？

"你签了这种约，完全是违反了市场原则，也不合逻辑。对方承诺多少的预付款？值得我们去签这样的合约？况且你也没把合约传回台北公司法务部。"

这位主管言辞闪烁，一直没有明确回答。

事有蹊跷，我立刻带着台北公司副总淑华一起飞去北京，了解事情原委。

一到办公室，几个彪形大汉恶形恶状地出现在我们眼前，把合约往桌上一丢。

"你不承认这个合约是吗？啊！"

"公司的章都盖了，还想赖！你们主管签的，敢不认账！"

我说："这不是我们公司的公章，主管也没有获得我的授权，他没有权力签这种合约。"

一言不合，我和副总都被架走，困在茶艺馆中。彪形大汉又起胳膊，摆出阵仗，要逼我们就范。

又来了几个人，依架势来看，好像地位更高，刚才那几位应该只是小喽啰。

"我们是国家部门的，很多事情啊，都是我们说了算，那个谁谁谁都要听我们的……你这小公司签了约不认账，以后都别混了。"

"几位大哥，有话好说嘛。相见就是有缘分，大家先认识认识，做个朋友。看几位大哥都是豪爽的人，我以茶代酒，先敬大家……"

还好我在这里待过，有些事没见识过也听过，没被吓倒。

"这样好了，看来各位都是有力人士，但这个约也得慎重处理。让我回去好好地规划一下，大家再来谈。"

我没当面拒绝，否则想走都走不了。先用缓兵之计，争取时间。

回到办公室，赶紧找熟悉的律师，查查这些人的底细。原来这是一个诈骗集团，只会虚张声势，专门吓唬刚到大陆的菜鸟台商 A[①] 好处。我们委由律师出面，通过警方的关系，才摆平这件事。

这次的经验有惊无险，但是绝对不能再发生。我决定自己掌控大陆公司的业务，人事、管理等方各面做了蛮大幅度的调整。除了台北的副总淑华坐镇北京，我则成了两岸飞人，一年有一半时间在北京，另一半时间在台北。

在彼岸，真的是有关系就没关系，没关系就有关系。这种绕口令式的关系学，得好好学学，否则就"有关系"了。

在这个人脉串起的社会，关系网错综复杂，掌握其中的脉络，事情才能慢慢趋于圆满。于是，我在大陆，最重要的事，就是多看多问，努力累积人脉。

合约只是一张纸

第二次是合约问题。

我们的一个合约出现了变量，案子做了一半，可能中途腰斩，应收账款命运未卜。我们向法务公司求救。

"明明合约这么写的，对方这样，不是明显违约吗？"

"是啊，可是，合约只是一张纸……"法务公司员工这样回答我。

这句话，言简意赅，道尽在这里做事的眉角。

---

① A：常指买东西时拿到附加赠品或做事时得到意外收获。后引申为利用不良手段方式不当获利。

在台湾，游戏规则较明确，照着走通常不会错。而在这里，有时反倒是有力人士说了才算，白纸黑字的规则，仅供参考。

和已建立了良好制度的大公司合作，事情较明确简单。和小公司或个人合作，可能变数较多，除了多方打听，更要有承担风险的准备。

付款方式要特别留心，一笔大额的合约，如果等到完成了才要求对方付费，很有可能横生枝节。法律途径不是万灵丹，无法解决所有的事。

劳工法令，保护当地人

第三次经验，是劳工纠纷。

种子音乐北京分公司新媒体女性副总，是上海人，有一天，和法务部门的安安小姐大吵一架。副总盛怒之下，捆了安安一巴掌，打得安安的眼镜都掉了。安安一气之下，哭着离开公司。

当时我在外头，不知道公司里竟然上演全武行①。

回到办公室，副总激动地述说安安如何态度恶劣，如何难沟通。

"不论如何，动手打人就是不对。"我把副总数落一顿。

"双方都有不对的地方，我要做公正的惩处，让两个人都心服口服。"我思索着。

几天以后，我接到法院的传票。

原来安安小姐被打耳光之后，就到医院验伤。接下来，拿着验伤单到法院起诉了。

---

① 全武行：本意为戏曲或影视作品中规模较大的武打面。现在常被引申为各种场合中的暴力行为。

"某某某因为在工作场所的肢体冲突，受到严重的羞辱，产生心灵创伤症候群，恐有自杀倾向……"

验伤单写得很严重。安安小姐控诉职场上的身心伤害，指控的对象不是打人的新媒体副总，而是身为老板的我。安安小姐的理由是，工作场所发生的事，公司要负责，所以向老板求偿。

请教内地的律师，该怎么办？

"没办法啊……"律师无奈地两手一摊。因为按照当地法律，保护的是当地劳工的权益。法院最后判决，公司必须赔偿安安小姐人民币十多万元。

分公司的员工和员工发生冲突，动手的人没事，总公司的老板遭殃！我觉得这是一场荒谬剧。不由自主地设想一种情境："分公司这几十位员工，如果有一天，大家打群架，不管挂彩的，或没挂彩的，统统到法院告我，那不就赔惨了？"

还好这种事，只发生这么一次。用当地人的生活方式和观点来看这件事，我释怀了，就当作是学习分公司当地模式的必要学费吧。

刚开始常驻大陆时，每天起床，脑袋就充满了问号，甚至还会生闷气，后来接受了事实。在不一样的地方，不能死脑筋偏要用自己熟悉的规矩，而要按照别人的方式。当时的我，如同游走在两个世界的边缘，有时午夜梦回，会有一种精神错乱的感觉。

入境随俗是老掉牙的道理。其实不管到哪里都一样，没有世界通行的规则，没有绝对的对与错。最重要的是，调整自己去适应环境。

关键词辞典

1. 扞格——身处截然不同价值观的环境，心中充满冲突。

2. 适应——入境随俗。没有世界通行的规则，没有绝对的对错。

03

To Do

做事的方法各擅胜场，典型分别不同，人生的缩影尽在其间。

当天分与努力、创新与沿袭、改变与守成、唱衰与看好、跨界与本质、坚持与放手、地狱与天堂互相拉锯，选择的一念之间，将走出不同的道路。

1 天分 vs. 努力

从蔡依林和郭书瑶身上学习

通过个人实力与团队合作，二十多年的音乐生涯中，我为许多艺人营销定位。每位艺人各擅胜场，每个案例典型各自不同，丰富了我的生涯，拓展了我的视野。更重要的是，其中可一窥人生的缩影，照见职场百态。

"天才是 1% 的灵感加上 99% 的汗水"是句老掉牙的话，却在各类职场中不断上演，娱乐圈也不例外。其实灵感或者说天分只能取巧一时，努力才能让我们走得长远。

2009 年以《杀很大》①电玩广告起家的宅男女神郭书瑶，她傲人的天赋显而易见，但我看中的，却是她的努力。

瑶瑶，把衣服穿回来

"要不要跟郭书瑶聊一聊？"

"《杀很大》的瑶瑶吗？维仁你真是爱说笑。"

签下瑶瑶！好朋友陈维仁向我提出了这个劲爆的点子。记得那一年，十多个宅男女神纷纷出现。《杀很大》的瑶瑶具有代表性，其他的，

---

① 《杀很大》：《杀 online》3D 在线 MMORPG 游戏广告，由郭书瑶出演，因演员外形亮眼和广告词 "杀很大" 爆红，广告词也称为风行一时的生活用语，并被广泛改编使用。

我常搞不清楚谁是谁。

种子音乐一向的风格，是清新的商业。旗下歌手不是歌声有辨识度，就是具备创作才华，制作的歌曲，大多走干干净净的路线。签下的歌手，唯一比较辣的，就只有温岚。

怎么会提出瑶瑶这位宅男女神呢？我想都没想过。

"你别管这么多嘛！就当作跟一个小女生聊一聊，给她一点意见吧。"

原来维仁没有开玩笑，他真的对瑶瑶有兴趣，也让我好奇起来。

"好吧。"

约在咖啡馆。出现在我面前的是一张素颜，清秀的高中小女生。

我好奇地问她："怎么会想到去拍电玩广告呢？"

瑶瑶用她稚嫩的童音，娓娓道来。

原来，出道前一年，瑶瑶的爸爸因病过世，全家顿失经济来源，她必须半工半读，赚钱供弟妹读书。电玩公司看中她，找她拍广告，也有模特儿公司找她外拍，她想，这样可以赚得比较多，帮家里迅速改善环境，于是接了工作。

瑶瑶的故事，深深地牵动着我的儿时记忆，虽然情节不尽相同，却让我们彼此惺惺相惜。但是，这样的感动，也不能成为和瑶瑶合作的唯一理由。我必须站在公司立场思考。

"瑶瑶，如果要成为一个唱片歌手，你有信心吗？"

"嗯，其实没有耶，我不太会唱歌。"

"没有关系，这可以训练。"

瑶瑶的确有商机，但要签下一位艺人，不能只看商机，要看她五至十年后的发展性。当然我知道，只要她继续走性感路线，签下的第一年，就可以进账颇丰，但一年之后，就会说再见。我不可能如此对待一个孩子，但是这孩子如果没有企图心，出唱片这件事也不会成功。

"除了唱歌，你还喜欢什么呢？"

"我很爱跳舞，以前都是跳嘻哈，很 Man 的那种。"

"好！我们找老师教你唱歌和跳舞，另外还有一件事，之后你必须学会一种乐器。"

"更重要的是，你现在拍广告，收入很多，可以很快地改善家里的经济条件，但签约以后，希望你把衣服穿回来。我要规划的，是你的未来，而不是一时的获利，你可以忍受失去很多赚钱的机会吗？"

"我可以。"

很棒，这孩子让人感动。绝大多数的人，很难拒绝钱的诱惑。现在有钱赚为什么要放弃，现在不赚，以后可能再也赚不到了啊。这几乎是世界的主流价值观。

我话先说在前面："我也不敢保证，你以后还赚得到喔。"

"没关系，我愿意。"

嗯，太好了，如果瑶瑶持续努力，也许有机会成为巨星。

苦练唱歌，推出专辑

瑶瑶说话算话。

我们帮她安排了一系列的课程，包括唱歌、说话、化妆、乐器和舞蹈等，过程很辛苦。就连她最喜欢的跳舞，为了要配合新专辑，她必须将过去的嘻哈舞步全部忘掉，从头练习。她有时兴致一来，可以在舞蹈室一练就是九个小时，练得旧伤都复发了。

记者会那天，瑶瑶打扮成仙杜丽拉①，坐着白色的马车来到现场。高大挺拔的王子，抱起光着脚丫的她，走上舞台。在现实生活中，瑶瑶就是一个很平凡的灰姑娘，很努力地打拼，现在种子音乐要帮助她褪去电玩广告的形象，打造童颜神话，让她摇身一变成为可爱的公主。

典礼的最高潮，是我为她穿上量身打造的玻璃鞋。从此以后，瑶瑶就要踏入流行音乐界，展开完全不同的生涯。

接受记者采访。她指着会场布置的白色时钟，笑着说："我很希望时钟永远不要敲第十二下，不要被打回原形。"

我相信，瑶瑶对改变没有犹疑，她将不会走回头路。

"签了瑶瑶，种子音乐要转型了吗？"

"是转型，还是形象变质？"

"难道种子要做电玩音乐唱片吗？"

"赔了一大笔钱给电玩公司，把瑶瑶的合约转过来，值不值得啊。"

瑶瑶的记者会点子很炫，在媒体和同业间喧腾一时，等新鲜感过了，大家的疑问就涌了出来。连公司员工和艺人也纳闷，老板到底在想什么？

我要大家放心，种子音乐的定位没有变，还是清新的商业，当然也不可能做电玩音乐。就等着看瑶瑶的表现吧。

种子为瑶瑶出了《爱的抱抱》②迷你专辑，营销宣传是一大挑战。

---

① 仙杜丽拉：Cinderella，大陆地区多音译为辛德瑞拉，童话故事《灰姑娘》中的女主人公名。多与灰姑娘同义，被用来比喻未得到应有注意的人。
② 《爱的抱抱》：郭书瑶在 2009 年推出个人首张写真 EP《爱的抱抱》，或指同名主打歌曲。

有杂志做专题报道，以瑶瑶为封面故事，要求拍摄清凉照。

"主编，不行。我们的瑶瑶已经不是以前的瑶瑶了，拍清凉照不符合她的形象。"

我们不停地冲撞，不停地说"NO"，要扭转媒体的刻板印象。刚开始，媒体很不能接受，但是，既然我们选择下这种赌注，就要承担。

刻板印象根深蒂固，头一两年，还是很辛苦。女孩子们仍然很讨厌瑶瑶，认为她就是胸大无脑，光会卖弄身材，还有什么傲人的？负面的声音和批评没有停过。大家很快就忘了记者会上的仙杜丽拉，还是对《杀很大》印象深刻。

配合《爱的抱抱》专辑，我们让瑶瑶收集一万个人的拥抱，借此打破社会上人和人的疏离感。其实也是借此让大家更接近这个女孩，感受她的努力和真诚。

但这样就够了吗？当然不行。我们继续筹备专辑，用甜心的形象继续乘胜追击，我给了瑶瑶一项吃重的功课——三个月内学会一项乐器，然后在专辑发表会上自弹自唱。也就是说，如果弹错音唱走调，她就会在所有媒体面前出糗。

瑶瑶是玩真的，接下任务开始，她每天在办公室的会议室里练钢琴练到三更半夜。记得当时，常常过了半夜十二点，经过公司，还听得到叮叮咚咚的练琴声，那是瑶瑶敲响梦想的声音。

说实话，专辑发表记者会我比她还紧张。对任何人来说，这都是一项艰巨的挑战。当她成功按下最后一个琴键，唱完最后一句，我握紧的拳头还迟迟无法松开。当时的激动，记忆犹新。

她做到了，靠着自己的努力，而不是天分。这就是我们要让外界看到的郭书瑶。

吃足苦头，演技获肯定

但瑶瑶不能只有唱歌，还得借由其他的方式转移刻板印象。变成另一种形象出现的最好方法，就是演戏。

我们安排瑶瑶到三立[①]演出偶像剧。在《小资女孩向前冲》里，她饰演一位热心善良、个性直爽的上班族女孩乐乐，想象力丰富，常发出惊人之语，引起办公室风暴。她的演出可爱自然，让大家眼睛一亮。下一出戏《爱上巧克力》也是演配角，外界的评语是，她的风采甚至胜过女主角。

把自己包得紧紧的瑶瑶，真的成功地将大家目光的焦点，从身材转移到演技。借着演出对白的训练，也把娃娃音改掉不少。

瑶瑶人气一直上升，女孩子对她的印象也逐步改观。

"原来瑶瑶个性这么可爱，这么有义气啊！"

瑶瑶一直努力改变，让大家看到了她真正的本质。

演偶像剧成绩亮眼，开始有拍电影的机会。

《南方小羊牧场》，补习街南阳街的青春故事。瑶瑶客串补习班的招财妹，精明能干，抢钱一把罩，虽然不是主角，却很讨喜。

---

① 三立：三立电视台是台湾的有线电视频道经营者之一。早期发迹于高雄，以自制及代理发行电视节目录像带著称，1993 年起跨入电视频道领域后，改以经营卫星电视频道为主。现总部位于台北市内湖区。

《志气》①，是景美女中②拔河队的故事。剧本一出来，我告诉瑶瑶，这么好的剧本，一定要争取演出。

瑶瑶得到了女主角的角色。为了演好这个角色，她和拔河队员一起训练，吃足了苦头；和队员们一起努力增胖，一度很担心身材变形，回不去了；常常拔河拔得汗流浃背，脸部扭曲，后来干脆素颜演出。

这出戏，景美拔河队的精神和瑶瑶的真实生活很像，她也是个非常努力的孩子。她，好像就在演自己一样。

戏一杀青，我包场请大家一起去看。

"瑶瑶，我觉得你会得金马奖。"

"啊！怎么可能啦，老板，不可能啦。"

我不是在讲场面话，或是为了鼓励旗下的艺人，而是真的这么想。凭我的直觉，我很笃定。

"你看吧，入围了。"

"啊，真的耶，怎么会……"

金马奖颁奖典礼，我在助理 Henry 的车上，紧盯着车上小屏幕。

"最佳新演员，郭—书—瑶！"

听到自己名字的那瞬间，瑶瑶睁圆了眼睛，捂住张大的嘴巴，完全不敢相信。她激动地上了台，拼命用手扇风，从头哭到尾。

"我没有准备得奖感言呢，怎么办？怎么会这样啦……"

看着她，我也激动了起来，非常开心。为她开心，因为她借着努力，

---

① 《志气》：一部改编自真实事件的校园励志类电影，由张柏瑞执导，郭书瑶、昆凌等联合出演，2013 年 2 月 8 日在台湾地区上映。影片讲述了景美女中女子拔河队为了成为世界拔河锦标赛的冠军在一年中辛苦的训练去追自己梦想的过程中所发生的故事。
② 景美女中：全名台北市立景美女子高级中学，1962 年建校，位于台北文山区，因第一届校长邓玉祥女士希冀在此风景优美的校园内培育出前景美好的新时代女性，故以景美为校名。

证明了自己；也为我自己开心，因为再次证明了自己的直觉多么准确，从看歌手到看演员，都是一样。

蔡依林不服输，迈向巅峰

流行天后蔡依林，努力奋斗的故事大家耳熟能详。她出道爆红的同时，遭受排山倒海的讥讽，如批评她歌唱得烂、婴儿肥、跳舞同手同脚、没有才华等。但她企图心极强，放弃了休息、怠慢了朋友家人、牺牲了爱情，一心一意要在舞台上发光发热，成为无可取代的第一名。

她拿出运动员等级的精神，苦练舞蹈，简单的一个动作，可以操练十多个钟头不罢休。练唱更是不在话下。如今，载歌载舞的巅峰表现，让所有曾看衰她的人跌破眼镜。

为了让自己变瘦，多年来坚持只吃水煮食物，不吃淀粉，炒青菜也要过水滤油才愿入口。严格克制口腹之欲，需要多大的毅力！

蔡依林以《舞娘》得到金曲奖最佳女歌手。致辞时，她说："得这个奖，我要谢谢很多人，谢谢曾经很不看好我的人，谢谢你们给我很大的打击，让我一直很努力……让我一直维持在最好的状态。"这就是典型的不服输，努力的精神。

至于我，很多人认为我很厉害，其实厉害也是从努力来的。从一个小宣传开始，一天工作十六个小时，比别人付出多一倍，才能成就现在的我。

想告诉现在的年轻人，不要说自己的天分不够，要问自己，能不能付出如郭书瑶或蔡依林十分之一的努力？

关键词辞典

1. 天分——只能让你取巧一时。

2. 努力——使你走得长远，有机会扭转命运。

2 创新 vs. 沿袭

《魔法阿嬷》原声带，以及许茹芸的《好听》单曲

　　有时创新很像跳槽，必须离开"安全区"，到未知的地方寻找新挑战。往往搜索枯肠想不出的点子，跳出框架后，就灵光乍现。当然，也可能失败，但如果成功，那种无中生有的过程，感觉真的很棒。《魔法阿嬷》原声带和许茹芸《好听》单曲，就是典型的例子。

没有艺人，也能创意营销

　　种子音乐脱离 EMI 独立门户之后，与滚石旗下的魔岩结盟，我们合作的第一个案子是《魔法阿嬷》原声带商品，展开一段魔力十足的营销创意旅程。

　　当时，王小棣导演的动画电影《魔法阿嬷》正紧锣密鼓制作当中。有一天，魔岩老板张培仁要我到录音间，听听他的原声带。

　　"你对这个原声带有没有兴趣？有没有什么不同的想法？"

　　我心想，这只不过是一般的原声带，如何为它增添新意呢？

　　《魔法阿嬷》的故事内容，由小男孩豆豆到乡下和阿嬷一起生活展开，讲国语的豆豆和只会闽南语的阿嬷，根本没有什么话说，一直到豆豆发现一个秘密——阿嬷竟然看得见阿飘[1]，才撩起豆豆对阿嬷的好

---

[1] 阿飘：台湾俚语中泛指鬼魅或形容人的精神气质状态如鬼魅。

奇。有一次，豆豆的眼睛不小心沾到阿嬷的眼泪，这下子，豆豆获得了阿嬷的能力，开启了意想不到的新世界……

有阴阳眼的阿嬷是主角，由文英阿姨①配音，这样的电影和原声带，如何吸引更多年轻人的注意？阿嬷和年轻人，两个泾渭分明的世代，如果相遇，鸡同鸭讲的误会和冲突的趣味，一定会迸出许多火花。我想，就让两个世代的恋爱观通过音乐和影片，互相过招拆招吧。铁定会让年轻人睁大眼睛。

那么新世代的辣妹，应该由谁来扮演呢？我想到了当时当红的偶像歌手徐怀钰，把她从滚石借调过来；至于银发世代的魔法阿嬷，为动画电影配音的文英阿姨，当然是不二人选。于是，文英阿姨唱着歌词改编过的《怪兽》，徐怀钰则唱《谁不乖》。

文英阿姨和徐怀钰，两个完全不搭轧的人，有谁想得到把她们凑在一起呢？又有谁想象得出两人过招的效果？我们做了这项实验，结果非常地喜感热闹，话题因此炒得火热。

《魔法阿嬷的恋爱2世代》商品于焉产生，为原声带增添了新魅力。

《魔法阿嬷》为1998年台北电影节年度最佳影片，也是首度进军国际影展的台湾动画电影，相当卖座。原声带商品和电影互相帮衬，是很成功的营销案例。

徐怀钰不是魔岩的歌手，文英阿姨也不是我们的艺人，但难道就此路不通了吗？就算没有自己的歌手和艺人，我们照样可以打出一局精彩的牌。

---

① 文英阿姨：文英（1936—2009年），原名黄锦凉，日据时代名英子，生于台北，为台湾地区资深影视演员。

假结婚，劲爆话题燃烧

再谈谈许茹芸，一个家喻户晓的天后级歌手。她的声音和故事早被媒体一再重复报道，她不是一个会为自己刻意创造新闻的歌手。那么，我们要用什么样的方式，让所有媒体聚焦在她加盟种子音乐这件事情上呢？

既然她的声音这么好听，就请吴克群为她写一首"好听"的歌吧。我们决定发行单曲，作为许茹芸全新的出发。单曲名称，就叫作《好听》。

出单曲，除了制作费稍微减少一点之外，包括拍摄封面、拍摄MV、包装等营销宣传成本，整个加起来，和一张专辑其实相差不大。

定价更是一大问题。专辑定价在三百八十元到四百元之间，单曲的成本降不下来，照样定价接近四百元，消费者可不会当冤大头。难道要除以十二吗？价格又低得太离谱。两者都行不通。

数字下载的时代，专辑已经无法回收成本，是要靠经纪和彩铃收入来支撑的。单曲更不用说了，就跟出专辑一样，当作是对艺人的投资吧。

我们订出九十九元的价格，非常低廉的售价。我估计，很多人可能会因为这样的价格，愿意掏钱出来买。假设可以销售一万张，进账九十九万元，相对于制作及企宣成本约七八百万元，完全是九牛一毛。既然不可能回本，逻辑就要改变，眼光放在未来。

这首歌一定要红，红了就有价值，也会让许茹芸的价值被看见被听见。要红，就要创造新鲜话题，让街头巷尾津津乐道。

我们发出了大量的结婚喜帖。男女主角是田定丰和许茹芸。

两岸娱乐圈和媒体界一阵哗然。太离奇了，很多人不相信。

"这两个人不是很不对盘吗？以前在上华，根本水火不容嘛，怎么要送作堆了？难道真有'打是亲骂是爱'这回事？"

热线电话接个不停。很多媒体打电话来问我，到底在搞什么鬼？同行也呛我，婚礼那天是不是愚人节？倒是有人信以为真，还开心地来电祝贺。

我还是卖了关子，邀请大家，当天一定要来参加我们的婚礼，见证我俩不渝的爱。

那天，典礼会场入口，摆着我俩巨幅的婚纱照。会场走道装饰一道道拱门，缀满白色的香水百合。舞台后方，粉红色的巨型爱心里，是我俩的誓言。大家眯着眼瞧，依稀看见，誓言里怎么有种子音乐公司的字样。还来不及看清楚，结婚进行曲就响起。

穿上古典蕾丝婚纱的许茹芸，挽着我的膀臂。随着音乐，我们缓缓地踱入典礼会场，登上了舞台，闪光灯闪个不停。

我宣布，许茹芸要嫁给种子音乐了。合约书设计成结婚证书的模样，我们在众人的祝福下，盖了印章。我为许茹芸戴上钻戒，有模有样地亲吻了她。

现场挤得水泄不通，叫喊声哗笑声震耳欲聋。

"你们俩看起来很配啊，还真以为……"

大家都被骗了，可是被骗得很乐。

"许茹芸结婚"效应，像涟漪一样不断地扩大，话题不停地燃烧。我们趁势推出《好听》单曲，市场热度一直居高不下。

《好听》从台湾红到大陆，在在线音乐的下载次数不断飙高，当时很多人的手机铃声都是选择这首。

许茹芸再度闪闪发光，演出商注意到了，许多传唱一时的经典歌曲，让演出商源源不绝地上门，请她开个人演唱会，而一向坚持质量的她，也对每一次的演出都格外的珍惜和努力，让喜欢她的观众能在她每一次的表演有着极大的共鸣。

2014选战，创新和沿袭大PK

从《魔法阿嬷》到许茹芸的假结婚话题，如果我们停留在安全区，采取沿袭的老路，效果恐怕大为不同。其实，沿袭也不见得没有新意。但想法可能受既有框架限制，施展不开。

2014年底的选举，就是创新与沿袭的典型PK战。台北市长当选人柯文哲①的选战策略等于是一场精彩的创意营销；国民党走的却是沿袭的老路，思维和逻辑都跳不出旧框架，与时代脱节，才会一败涂地。虽然国民党参选人连胜文②还比柯文哲年轻十多岁，但老世代不愿放手，结果可以预见。

各行各业也是一样，在现今的网络时代，要不断地创新，才不会被淘汰。很多公司只做自己原先会做的事，老板不愿意改变，是一件很可怕的事，底下的员工也会很辛苦。

曾和某个地方观光局的人员聊天，提到他们推广观光的文宣，版

---

① 柯文哲：（1959年8月6日—），生于台湾省新竹县，外科医师，曾任台大医院创伤医学部主任、台大医学院教授，现任台北市市长。
② 连胜文：（1970年2月4日—），台湾台南市人，企业家，2013年8月起任国民党"中央委员"、台北市经济发展委员会副总召集人、永丰银行董事。

面配色总是花花绿绿很热闹，生怕留白浪费空间，配图和字体也都很丑。这位年轻的观光局人员叹了一口气，说："我们的确不满意，但是长官决定这么做……"

长官的美学素养不够好，底下的人只能两手一摊吗？建议员工可以多花一些时间与上司相处，找有质感的文宣案例给他们看，一次又一次地和长官沟通，借着耳濡目染的过程，美学眼光会有所变化。如果掌权的老世代一直接触不到新的东西，就会一直坚持原有的想法。

这种说服的过程，就像为长官创造一个崭新的环境，也好比和自己的爸爸妈妈沟通。很花时间，需要耐心，但很值得。如果认为老板说了算，不敢向上"教育"，就不会进步。

关键词辞典

1.创新——像跳槽，必须离开"安全区"，到未知的地方寻找新挑战。

2.沿袭——不见得没有新意，但想法可能受既有框架限制，施展不开。

3 改变 vs. 守成

打破"当兵魔咒"，张信哲也曾徘徊在"改变"与"守成"的十字路口

曾经风靡一时的歌手，因特定原因暂时退出市场，一段时间后想要卷土重来，却发现世界变了。过去吸引人的特质失去魅力，以前成功的营销手法行不通了？该怎么办？

就像是男艺人的当兵魔咒。本来当红的，当完两年兵回来，发展可能就遇到瓶颈，要如何重新定位营销，才能打破魔咒呢？张信哲就是一个典型的例子。

当时的张信哲站在"改变"和"守成"的十字路口。"守成"，也许仍能抓住部分粉丝的心，维持一定的市场地位；更可能跟不上时代变化，逐渐被淹没。放手一搏致力"改变"，很可能是开创新局的唯一机会；但也可能功败垂成，不但新市场没谱，过去的粉丝也不买账，两头落空。

两难的赌注，该怎么下？

张信哲是牧师之子，在充满音乐的教会环境中长大。他参加校内的歌唱比赛被发掘，与滚石唱片旗下的巨石音乐签约，被塑造定位为学生情人，第一张专辑《说谎》就一炮而红。

短短的一年内，他陆续推出《忧郁》《忘记》两张专辑，都创下很好的销售成绩，并入围金曲奖最佳新人奖。他还尝试跨界，接演电影和电视剧。

阿哲退伍后，巨石为他发行了一张专辑，但是成绩不如预期。当时我在点将，阿哲希望我跳槽过去帮他，为了这份友谊，和自己的生涯规划，我答应了。

为什么"学生情人"的定位失灵？显然市场的风向不停地变化。两年是不短的岁月，有些粉丝长大了，不识愁滋味的清纯浪漫，可能变得复杂成熟了起来，需要不同层次的歌曲与其共鸣；更年轻的学子，口味也不断翻新。过去的那套模式，已经不能再次复制。

两项大胆赌注

张信哲要再创高峰，就不能沉湎在过去"学生情人"的风光中，大胆转型，是必然的选择。只是，转型的成功与否，没有人能够打包票。我要阿哲做两大改变。

首先，把戴了许多年的黑框眼镜拿掉。

通常艺人不会轻易改变形象，因为那是一大冒险，就怕长期支持的歌迷不接受，新的消费者的态度也难以捉摸。

我告诉阿哲，当完兵，你已经是个成熟的男人，歌迷长大了，你也长大了，不能再装可爱。勇敢丢掉学生型的黑框眼镜，展现你的成熟韵味吧！

当时的阿哲，心很慌，我常陪伴着他，带他散散心，吃吃饭。阿哲很爱甜食，压力大时更贪吃，喝咖啡时，往往趁我不注意，一口气就加三四颗方糖，必须盯紧一点，否则一不小心就发胖，拍专辑封面时就麻烦了。

还有一个原因，阿哲虽然是畅销歌手，却因为合约的关系，收入并不如外界想象的优渥，所以过得蛮节省的。身为他的好朋友，带他打打牙祭是理所当然的义气。

经过一段时间的心理建设，阿哲勇敢地决定改变形象。

第二，改唱深情歌。

配合形象的改变，阿哲也该拓展歌路，老是唱简单的学生情歌，未免太浪费他的美声唱腔了。我从他的稚嫩歌声中，听出深情的质素，值得好好地开发。

老板请李宗盛大哥帮忙，他找到新加坡黎沸挥①写了一首曲，亲自填词，作为我们规划新专辑的主打歌。《爱如潮水》这首歌，成为阿哲全面翻转的起点。

不问你为何流眼泪

不在乎你心里还有谁

且让我给你安慰

不论结局是喜是悲

走过千山万水

在我心里你永远是那么美

既然爱了就不后悔

再多的苦我也愿意背

我的爱如潮水

爱如潮水将我向你推

———————————

① 黎沸挥：新加坡著名创作歌手。

紧紧跟随

爱如潮水它将你我包围

我再也不愿见你在深夜里买醉

不愿别的男人见识你的妩媚

你该知道这样会让我心碎……

这首歌的歌词，写的是一个男人爱上了不该爱的女人，背负着巨大的苦楚，明知没有结局，却无怨无悔。百转千回的爱与苦，矛盾与挣扎，李大哥写的词，真是道尽了爱情的没有道理。

改唱深情歌，唱腔也要跟着蜕变。李大哥把阿哲关在录音室里，一连关了七天，一遍又一遍地练唱《爱如潮水》，一遍又一遍地把过去的稚嫩冲掉，简直是会让人疯掉啊。但阿哲很努力，不但没有疯掉，还真的做到了。他的声音转变了，带着让人难以抗拒的温柔，令人感动的贴心，糅合一股坚韧的力量，全新的张信哲诞生了。

新专辑的名字是《心事》。阿哲长大了，开始谈恋爱，所以有了心事。每个人在爱情中，都有心事，我希望每位听众，都能够在张信哲的《心事》里，映照自己的"心事"，甚至把自己的心事，告诉阿哲。

写信给阿哲

"写信给阿哲，告诉阿哲你的心情故事。"让你可以和他真实的互动。在那个没有网络没有 Face Book 的时代，粉丝和歌手的距离如同天和地一般遥远！但我们通过媒体，宣传阿哲的邮政信箱。

这是唱片营销的新创意。会写信来的歌迷，一定是被阿哲的歌深深触动的，每天收到的厚厚一叠信，代表不断累积的听众。看来，有很多很多的歌迷，真的把阿哲当作可以谈心的朋友。

李宗盛大哥定律：凡调教过的歌手，必脱胎换骨成大器。

《心事》在金曲龙虎榜①上拿下年度排行榜冠军，成为张信哲步向巅峰的代表作品。张信哲"情歌王子"的地位从此奠定，开创了"哲式情歌风格"。他不但打破了"当兵魔咒"，而且比以前更耀眼。

"改变"，是一个心惊胆跳的过程，付出的心力，比"守成"多太多了，而且不见得有相对的回收。这场赌注我下对了，关键不在于运气，或冒险的胆气，而在于对艺人本质的深入了解。了解本质，并与市场风向结合，清楚知道"改变"比"守成"的赢面大，就铆劲去做。

关键词辞典

1. 改变——可能是开创新局的唯一机会，成功的关键在于掌握优势本质。

2. 守成——有机会守住既有市场，也可能无情地被淘汰。

---

① 金曲龙虎榜：1989年开榜，1991年开始有年度总排行。由于金曲龙虎榜榜单采计方式是销售与明信片票选各占一半的比重，可视之为90年代卖座与人气的最佳指标。

4 唱衰 vs. 看好

化不可能为可能——吴克群、黄品源，免于"一片歌手"命运

被贴上"一片歌手"标签的艺人，大家都唱衰，你还会给他机会吗？只发行一张唱片就在流行音乐界销声匿迹的歌手，多如过江之鲫。通常，除非第一次出击就得到差强人意的成绩，唱片公司是不会给新人第二次机会的，理由是风险实在太高。只要被贴上"一片歌手"的标签，以后很难拿得掉。

但是我不信邪，因为我相信自己的直觉。

相信直觉，签下吴克群

2003 年重启种子音乐之后，先签下了顺子，打算再找一位新人。这时候，有人介绍吴克群，告诉我，他其实会创作。

"吴克群？他不是几年前出过一张专辑吗？"我嘀咕着。

吴克群在歌唱比赛中崭露头角，唱片公司将他包装为偶像艺人，2000 年出了第一张唱片，被同期的周杰伦打得惨兮兮的。后来，戏剧科班出身的他，改行演偶像剧，受欢迎的程度不如预期的好，就被解了约。

吴克群的最爱是音乐，不想再演戏。怎么办呢？吴克群发愤图强，完全不会乐器的他，决心从头学吉他，并尝试创作。为了梦想，他蛰伏在板桥，租了一个每月 8,000 元的小房间，他省吃俭用，但毕竟收入断绝了，曾经一年多付不起房租。还好遇到一位好房东，帮助他撑过这段辛苦的岁月。

出过唱片、演过偶像剧的人，大家都认得，一旦离开荧光幕，还可以做什么工作？吴克群戴起大头娃娃，开始发传单，大热天汗流浃背也不叫苦。站在身边的，都是唱片公司正在宣传的歌手。他过去也是其中一员啊，可以拉下面子当个没有脸的小人物？吴克群真的忍下来了，不埋怨，因为他知道为何要这么做，只有辛苦打工存钱，才能买吉他，才能一步步走向他的理想。

终于完成了创作，录好 CD，将作品送到各个唱片公司，却屡屡被打枪。因为，大家都知道他不红了，产生刻板印象，宁愿大胆起用新人，也不要冒这么明显的风险。直到遇见了我……

当时我心想，反正还没找到我想要的新人，听听吴克群的作品也无妨。

东区咖啡馆，透明的玻璃一览无遗，黑色金属框架，有一股冷调的前卫。我踱了进去，看见带着点紧张的吴克群，早就在座位上等着。

"克群，听说你会创作，让我听听你的作品。"

下午茶时间，客人稀稀疏疏。咖啡馆放着轻音乐，几个业务员模样的年轻人，随意地聊着。

他拿着他的 Demo① 随身碟，自己准备的随身听，把耳机交给我。我专注地听着，他也专注地凝视着我。吴克群每一首歌都很有自己的态度和想法，是现在市场需要的创作歌手。

——————————————

① Demo：样片，试听带。

"就是他了。"我觉得我挑了半天，终于找到我要的新人。

"克群，我们可以合作。"

日后克群告诉我，当我说要签他时，他吓了一大跳，以为遇见了骗子。

这件事，渐渐在同业间传开。

"定丰，我劝你不要签吴克群。你现在要东山再起，是很难得的机会，签歌手，一定要想清楚。一着棋错，可能全盘皆输，市场不会等你的……""吴克群没有很强烈的特色，不会红的……"

朋友们的想法都很类似。

我不死心。虽然我曾经彻底失败，信心完全被摧毁，但我从不曾怀疑自己的直觉，对自己的眼光有一份坚持。

两大理由，做出选择

我的坚持有两大理由。

一方面，克群的创作真的很棒，有英式摇滚的风格，切合当时流行的风潮，他的唱腔也很有辨识度。

另一方面，他有企图心和毅力。从他为了理想，肯放下艺人的身段戴起大头娃娃拼命打工，就可以看得出来。

就算我有独特的嗅觉，能看出别人看不到的特质，放大优点，成功定位，如果艺人企图心不足，轻易放弃，我也没办法啊。成功不是一个人的事，选对伙伴是关键。

《吴克群个人首张创作专辑》上市，我带着他，签唱会一场一场地跑。要让听众知道，吴克群不只会演偶像剧，还是创作型的歌手。

台中那一站，在广三SOGO广场①上，我们架好了舞台，布置好音响灯光。

签唱会的时间到了，逛街的人潮依旧汹涌，但台下只有小猫两三只②。

"不好了……"我的心一凉。

吴克群和我对看，工作人员也看着我，好像在问："怎么办？"

"克群，带着你的吉他，上台。相信你自己，观众一定会愈来愈多。"

克群走上台，表情有点凝重，帅气的身影有点腼腆。拨了几下弦，他的脸色开始亮起来，唱着唱着，他的创作欲就像生命故事，缓缓从他口中流出。英式摇滚的音符窜出，在人潮之间捉迷藏。

有些人放下手中的大包小包，坐下来听；年轻情侣手拉着手，依偎着入座；妈妈身边活蹦乱跳着的孩子，安静了下来，随着音乐打着拍子。

几百个人！有几百个人挤在台下听吴克群唱歌。

"看吧，你真的很棒！"

市场慢慢动起来

我告诉克群："现在的市场真的不好，但是我对你有信心。我们不做急就章，用三四个月的时间来打这场长期战。"

继台中那场签唱会，心情大洗三温暖后，我们马不停蹄到新竹、

① 广三SOGO广场：位于繁华地段的台中市中港商圈。
② 小猫两三只：人数很少，寥寥几个的意思。

花莲等地。

我利用各种关系，争取媒体的报道，但是很难。上电视节目是很有用的曝光机会，但对克群这种"新人"来说，更不容易。终于可以上张菲主持的综艺大哥大节目了，我眼睁睁看着，克群顺着制作单位的要求，在节目中头顶椅子。

"为什么我的艺人要去做这种事？但是不做，就没办法曝光……"觉得很心酸，但我说服克群勉强去做，要把握每一个机会。可怜的克群，很听话。

我只能在心中暗暗嘀咕："这节目也很神经，不要歌手唱歌，却要他们表演特技。这次顶椅子，下次难道要吞火喔？"

跨年演唱会，克群也争取到上台的机会。他慢慢地被看见，被听到。

一两个月过了，业绩反映，市场动起来了。一点一滴的汇聚，终于变成了一条大河。克群不是爆红，就像"在欉红"[1]的水果，自然地熟透，滋味更美，更有余韵。

努力终于看到了成果，下一步，我要为克群办个庆功演唱会，地点在西门町的红楼[2]。下了这个决定，心里不太有把握，万一台中签唱会的情形重演，不是自打嘴巴？

那天，红砖洋楼外，排队的人龙蜿蜒很长，看不到哪里是终点。红楼内的听众早已爆满，外头的人根本挤不进去。

---

[1]　在欉红：台湾俗语说水果要吃在丛红，葡萄酒要饮桶中熟。在欉红即自然成熟意，指功夫达到值得赞赏的水准。

[2]　西门町的红楼：又称"八角堂"或"红楼剧场"，位于台北市万华区的成都路上，紧邻西门町徒步区。建筑物二楼定期上演相声、戏曲、舞台剧、舞蹈、音乐会等文艺活动。

电视台录像转播，我站在导演的屏幕前，紧盯着屏幕。音乐响起，吴克群弹着吉他，唱起第一首歌，我忍不住掉下眼泪……

就从这场演唱会开始，克群扭转"一片歌手"的命运，成为受欢迎的创作歌手，一步步地迈向高峰。

在排山倒海的"唱衰"压力下，为什么可以独排众议，坚持"看好"？相信自己的直觉是主因之一。但我的直觉并不是纯粹凭感觉，而是从小培养。从听音乐写乐评开始，进入职场后，工作本身的训练，再加上市场研发数据的掌握，感性与理性兼具，才能成就 Marketing Sense[①]。

过去克群沦为"一片歌手"，其实是"偶像型艺人"的定位错误，重新找回真正的本质，也就是"创作型歌手"，是成功定位的第一步。在精准的定位下，我和克群的努力才能事半功倍。

黄品源，贵人相助博得翻身机会

多年前，刚出道的黄品源，也差点沦为"一片歌手"。当时我是滚石唱片的宣传，透过陈淑桦贵人相助加上自己的创意，为他博得翻身的机会。

记得他第一次到滚石，一口拙拙的国语，看起来很朴实。

"让我们听听你的歌吧……"

他拿起吉他，唱起了《你怎么舍得我难过》，那是他自己的创作，非常悠扬迷人。眼前的憨厚歌手，似乎罩上一层朦胧的光，整个人俊

---

① Marketing Sense：市场观念。

俏闪亮起来。

担任小宣传的我，直觉黄品源是值得力推的歌手。除了他会创作的本身，就具备吸引力之外，他的唱腔，就像他的人一样，有一种诚恳真挚的特质。但可惜的是，他的专辑《男配角的心声》上市第一个月，市场反应却很淡。

没有知名度的新人，要帮助他登上媒体，让消费者看见，是很艰难的任务。尤其黄品源并不是外表非常抢眼的典型，但他被埋没实在太可惜了，我该怎么做，才能帮助他脱离"一片歌手"的命运？

我再次想到了我一辈子的贵人——淑桦姐。她答应帮忙。有畅销歌后相挺，接下来就是我发挥创意的时候了。

"要怎么帮他呢？"淑桦姐问我。

"嗯，和他合照好了，照片本身就是个亮点。"

"可是我的头发已经没有型了，不好拍啊。"

在唱片宣传期中，艺人必须维持一定的造型，应付各式各样的曝光活动。但宣传期一过，头发长了，乱了，就恢复家常，当时已过了陈淑桦的宣传期。

我想了想："不然，淑桦姐你可以戴帽子。"

"可是我也没有宣传服了啊，要穿什么衣服比较合适？"

"我们可以去你家里拍，你穿家居服，也很好。"

于是我带着黄品源和摄影师，拜访淑桦姐在伯爵山庄的家。淑桦姐的爱犬很兴奋，和黄品源玩得很疯，也化解了新人面对当红艺人的羞涩不安。

快门咔嚓咔嚓，拍下一张张温馨自然的生活照。天王巨星陈淑桦和菜鸟歌手的故事，一幕幕地在我脑中搬演。从黄品源闯入陈淑桦香闺开始发想，带到师姐照顾师弟的无私感情，巨星鼓励后起之秀，分享音乐生涯的心情故事，两人一起陪狗狗玩，聊聊狗经，谈谈影艺圈的趣事……

《陈淑桦 vs. 黄品源》，天后加持[①]新人很有话题性。把新闻稿发出去，隔天各报版面都做得很大，媒体终于注意到这位新人。

电视节目制作单位也注意到了，开始试着来敲通告，要看看黄品源的观众缘如何。黄品源不太会说话，台湾腔国语成为他在节目中的一大特色。搭配诚恳的态度和憨厚的笑脸，整个感觉就是傻得可爱，蛮好笑的。

观众被逗乐了。于是，电视节目通告一个又一个丢过来，黄品源这个名字变得家喻户晓，而他的好歌也渐渐被传唱，《你怎么舍得我难过》成为日后的经典歌曲。

黄品源也很努力，除了陆续出了十多张专辑，也接演电视剧、参与电影演出，更跨界当起了主持人，"笑"果十足。男配角终于打出自己的一片天，甚至形成男主角的气势。

化不可能为可能

吴克群和黄品源，都是将不可能化为可能的例子。在周围的人不看好，理性判断成功机会很低的情况下，我都想办法让他们变成可能，这是我的重要特质。

---

① 加持：佛教用语，谓互相加入，彼此摄持。原意为站立、住所，引申为加护之义。

刚进入职场的年轻人，如果因为别人不看好，就灭自己威风，认定不可能，结果恐怕就真的如你所料。

若对手中的工作有信心，我总是傻傻地卷起袖子来做。反正试试看嘛，不试怎么知道行不通？尝试了，就算到最后还是失败，也蛮好的，至少你做了，比没做，空留遗憾好得多。

信心就像是一个个小小的烛光，不要轻易地吹熄它。

关键词辞典

1. 唱衰——如果外界都不看好，你有没有勇气独排众议？

2. 看好——相信自己的直觉，信心就像是小烛光，不要轻易地捏熄它。

5 跨界 vs. 本质

从张清芳、黄莺莺、温岚，得到最佳印证

创意发想，有时可以打破僵局，援引其他领域的元素，反而相得益彰；有时却是"蓦然回首，那人却在灯火阑珊处……"，寻寻觅觅，还是回到最初的本质，才是最佳的点子。

为张清芳营销定位，就是跨界发想的典型案例。

当红的畅销歌手还要借着营销定位锦上添花吗？是不是坐享其成就好了。其实，如果能用一句让人印象深刻的形容词来定位他们，并获得歌迷的认同，将使他们更璀璨。这句话，就像一道闪电，打入消费者的内心深处，亮度久久不灭。

跨界发想，打出东方不败张清芳

1991 年至 1993 年间，我在点将担任企宣副理，张清芳是点将的招牌歌手。当时，阿芳已创下每一张专辑都畅销的纪录。

面对这种天后级的歌手，我并没有轻忽。我想，就算都是畅销歌手，她们的特性却截然不同。除了"畅销天后"这类老掉牙的词，应该可以按照她们的独特之处，想出更好的宣传点子，让歌迷们耳目一新吧！

当时的我绞尽脑汁，苦思不得其解。丢开宣传稿，叹了一口气："去走走吧。"

那是傍晚时刻,我跳上公交车。车窗外,中华路 ① 闪烁着霓虹灯。

"我要用一个名号来形容阿芳,这个名号要站在流行的浪头上,最好三岁小孩也可以朗朗上口,'跨界演出'更好。定位得成功,以后大家看到这个名号,就会想到张清芳。"

想着想着,看着中华路上的电影院,人龙排得很长。大型手绘广告牌,画的是林青霞主演的《笑傲江湖Ⅱ东方不败》,那是当时最卖座的电影之一。

东方不败——从未尝过败绩的武功高手,阿芳的专辑,也是无战不克,两件事连接起来,灵感来了。

"张清芳就是流行音乐界的'东方不败',她的唱片,没有一张遭遇过滑铁卢的,创下不败的辉煌纪录。"

在记者会上,我为张清芳下了这个脚注。隔天,《"东方不败"张清芳》成为各大报娱乐版面的重头戏。畅销天后张清芳,在原有的光芒之外,更添加了新话题和新意义。

二十多年过去了,张清芳虽然已经淡出歌坛,"东方不败"仍然是她的代名词。这个定位,突显出阿芳比其他歌手更厉害,显然是成功的。

面对一项达到巅峰的品牌,你是不是会认为已经没有更上一层楼的空间了?如果这样想,这个品牌可能陷在高原瓶颈徘徊的状况,不会再突破。久而久之,消费者审美疲劳了,品牌印象就会逐渐模糊。

但依我的经验来看,只要你有企图心,肯用脑筋,顶尖品牌仍可

---

① 中华路:位于台北市,北起忠孝西路口,南至水源路口。路幅宽广,景点众多。

能好上加好，从巅峰再上云端。

创意的发想，不必局限在现有领域。有时看似是漫无目的的涉猎、跨领域的接触，却会带来出乎意料的惊喜。就像我的企宣工作，从流行音乐跨足到电影界一样。

定位黄莺莺，回归流行音乐的本质

再谈谈我的导师之一——Tracy 黄莺莺。

前面的章节提到，尽管她非常资深，却永远走在流行音乐的最前端。除了源源不断的创意，她更广泛涉猎国内外音乐讯息，对国际趋势有相当敏锐的嗅觉。她的创意，不是天马行空，而是下过苦功的。

当我在 EMI 旗下成立的种子音乐做出了成绩之后，黄莺莺和她的翠禧制作公司也加入了我们。我们一起制作了《花言巧语》专辑。这张专辑在音乐性上获得非常大的肯定和市场回响。

对于这样一位音乐永远不落俗套的创作歌手，甚至连年轻创作者也自叹弗如的艺人，我该怎么定位她呢？

不同于张清芳，这回我不用跨界，回到流行音乐创作的本质，我就可以找到黄莺莺无人可取代的特色。

"新音乐女王"，这是我对她所做的定位。这是和其他天后级的歌手相比，最突出的特点。这个称号，她当之无愧。

定位艺人，要从独特的本质出发，再加以放大强化。好的本质，就是最大的亮点，只有本质发光了，其他的包装和装饰才会产生意义，否则只是画蛇添足而已。

定位温岚，舞出新天地

温岚是另一个典型例子。她唱红了许多歌，除了《祝我生日快乐》之外，还有《胡同里有只猫》《北斗星》《人来疯》及《慵懒》等，这些歌在 KTV 中点唱率颇高，但她本人给消费者的印象却有点模糊。

为什么歌红了，个人特色却无法彰显？只要找到难以取代的独特本质，加以放大，用简单好记、朗朗上口的称号为他们定位，还是有扭转的机会。

温岚是泰雅族①原住民，歌喉很好，外形条件也不错，身材火辣。但在市场的定位一直不清。对一位歌手来说，各种条件都具备了，定位若是没搔到痒处，只欠东风，可说是暴殄天物。

也许歌唱得好、身材又火辣的女艺人很多，但是同时跳舞又跳得好的，就不多了。温岚舞跳得很好，大家好像都知道，又似乎印象不深刻。没错，这就是温岚的特别之处，只要加以放大强化，必有机会让温岚舞出一番新天地。

Dancing Queen(动感歌后)，就是温岚的新定位。

温岚又唱又跳，但她的嗓子不只带给人"动感"的感受，还有一种深情醇厚的质素。可动可静，是她的另一项特质。

我们为她制作了《热浪》专辑。同名的主打歌音乐影片，有嘻哈舞者共舞，也有半裸猛男淋浴，话题像"热浪"，一波波袭向歌迷，一阵阵地鼓动耳膜。

上市第一周，《热浪》在台湾销售市场果然动了起来。

---

① 泰雅族：泰雅人是高山族的族群之一。原先居住在台湾西部平原，后逐步移居山区，主要分布于台湾北半部，人类学家通常将泰雅族分为"泰雅亚族"和"赛德克亚族"两个亚族。

"Dancing Queen"的定位确立，动感的舞蹈，是她最厉害的武器。温岚过去被掩盖的光芒重新亮起来，让大家耳目一新。

《热浪》专辑中还有一首歌——《傻瓜》，是吴克群帮她写的，颇受欢迎。温岚也发挥创作的才华，这张专辑中有六首由她自己作词。

温岚乘着"热浪"，舞进了内地市场，许多的演出机会也如浪潮般不断涌来。

种子和魔岩合作的时代，我们曾透过滚石，引进韩国小天王Jun，那是第一波"韩流"。参考韩国训练艺人的方式，我们将一些Know how带回台湾，训练自己的艺人。韩国经验持续累积。温岚的《热浪》专辑，也有单曲与韩国制作人合作，激荡新的"温式效应"。

跨界或本质，是不同的创意发想形态。二者可以弹性运用，触类旁通，让点子自由发挥。

关键词辞典

1.跨界——创意发想，有时漫无目的涉猎，会带来出乎意料的惊喜。

2.本质——就是最大的亮点，只有它发光了，包装和装饰才会产生意义。

6 坚持 vs. 放手

耐心与林忆莲沟通，信任光良选择放手

和工作伙伴的配搭，是一种折冲樽俎的过程。当各有坚持，如何耐心沟通，达成最好的结果？当你发现伙伴可以独当一面，是否愿意放手？

对我来说，每位艺人都有独特的个性和优势，和他们合作，坚持和放手的艺术如何拿捏，巧妙各有不同。

林忆莲不想宣传，耐心沟通

先谈 Sandy 林忆莲。种子音乐加盟魔岩时，林忆莲的新专辑《铿锵玫瑰》，是我们要打响的第一炮。我们有新锐制作人贾敏恕，也有李宗盛大哥加持，但是我的营销定位和宣传专才，却完全派不上用场。

因为专辑的主角林忆莲，坚持不肯站出来。她说："我是专业的音乐人，用自己的音乐说话就够了。"

《铿锵玫瑰》是林忆莲与李宗盛大哥结婚生女后的首张专辑，林忆莲尝试作曲，处女作就是专辑同名的主打歌。此外，包括张震岳、安栋及林建华，也参与创作，或民谣或摇滚或电子，都要颠覆歌迷的感官。包括林忆莲作曲的《铿锵玫瑰》和张震岳的 *Let go*，都由大哥作词。

林忆莲外表温柔，内心坚强，就像沙漠中的玫瑰，顽强地吐芳。《铿锵玫瑰》正是传达这样的感觉。主打歌的歌词，一字一句铿锵地敲出她的心声。

那女孩早熟像一朵玫瑰

她从不依赖谁

一早就体会

爱的吊诡和尖锐

她承认后悔

绝口不提伤悲

她习惯睁着双眼和黑夜

倔强无言相对

只是想知道内心和夜

那个黑

别要她相信爱无悔

爱无悔

太绝对

她从不以为爱最美

她说

那全是虚伪

像旷野的玫瑰

用脆弱的花蕊

想迎接那旱季的雨水…

歌词中，隐隐约约透露 Sandy 当时被视为第三者的处境。她和大哥的婚姻，一直面对媒体排山倒海地攻击，于是她宁愿沉默。

"这是我自己的人生，自己对自己负责，为什么要对媒体交代？"

林忆莲的坚持，却是我的最大难题。她不出面，营销宣传全部省略，《铿锵玫瑰》如何铿锵作响，重重地敲在歌迷的心坎，引起共鸣呢？

于是，我先从媒体的沟通下手，试着改变大家对她的刻板印象。

对于这种喧腾一时的负面话题，外界一向用放大镜来检视。一开始和媒体聊天，他们对林忆莲还是怀有敌意，不肯放过她。

"爱一个人有错吗？如果是真爱，'第三者'难道不是我们外人强加在她身上的标签？若原来的夫妻没有问题，怎会有第三者介入的机会？夫妻间要先处理好彼此的问题，不能全部怪罪第三者。这其中的因素千回百折，没有人看得清，谁有资格评断？"

"爱情又有什么道理？"通过一次又一次的论辩，我试着把媒体的眼光，拉到爱的本质上。但是解铃还须系铃人，林忆莲还是不愿意接触媒体，我夹在中间，非常为难。

"Sandy，你也要给媒体一个机会，不然媒体要怎样描述你的音乐？知道你真正的个性？我认识你，喜欢你，但你也要让媒体认识真正的你，这是出唱片的歌手无法回避的……"

林忆莲在 @live 办新歌发表会，@live 位于和平东路罗斯福路口，是当时很热门的场地。我劝得口干舌燥，Sandy 终于答应发表会后举行记者会。

"好吧！但是时间只有五分钟。"Sandy 说。

记者会一开始，我很为难地宣布："不好意思，今天的记者会只有五分钟，请大家把握时间。"

林忆莲一现身，镁光灯闪个不停，各式问题像玫瑰的尖刺，如暗器般轮番射出。我拿起麦克风，打算替她挡下所有的攻击。

"没关系，我自己来。"Sandy 制止了我。我惊讶地睁大了眼睛。

她有条不紊地接招，温柔坚定地回答每一个问题，记者会不停地延长，远远超过预定的 5 分钟。我在现场，满脑子紧张焦虑化为满腔的感动。《铿锵玫瑰》的营销宣传终于迈出了第一步。

我看到一个女人，因为爱，可以盈满勇敢的力量，别人不必扮演她的挡箭牌，不需要帮她说话，替她解释，她自己可以真诚面对。因为她为自己的人生负责，自己做决定，所以愿意站出来。

面对坚持不想营销的艺人，我的态度同样坚持并未妥协，因为营销宣传不能没有声音，否则就像空有一手好牌，却完全打不出去一样。温柔坚定地沟通，才能打出漂亮的牌局。

信任光良的专业，明快放手

相对地，面对光良，我的态度又做了不少相应的调整。

光良加盟种子音乐之前，就是一位成熟的音乐制作人，他的《童话》专辑引起听众的共鸣，到现在还萦绕不去。光良是我很喜爱的歌手之一，他的声音有股温暖的质素，辨识度很高，至今仍是无人可取代，这是歌手成功的主要原因。

他是专业的音乐人，对音乐的创作有一份不可妥协的坚持和理想。

和他合作，我们抱持尊重的态度，扮演听众，将制作细节完全交给他。

光良和我的理念相近，都认为现今的网络时代，发行 CD 已不是主要的营收来源，必须仰赖演唱会等经纪业务。因此，公司对他的协助退居第二线，主要在企划宣传和经纪的业务。

光良很有想法，离开种子音乐之后，自己成立公司，签下江美琪等知名艺人。但他们制作的音乐，不走传统发行 CD 的方式，先放在网站上，提供付费下载，这在流行音乐界是颠覆之举。

除了音乐创作专业，他也颇有经营头脑，懂得经营自己、经营企业，投资理财也有一套，蛮值得佩服。从他身上，我学到不少东西。

在坚持与放手之间拿捏眉角，在于怎样做才能让事情变得更好。出唱片一定要宣传，因此，尽管林忆莲坚持不面对媒体，仍要坚持说服她出面；而光良和我想法一致，所以在"共同理念"和"信任专业"两项前提下，我决定放手，让音乐回归创作的本质。

关键词辞典：

1. 坚持——为了让事情运作得更好，该坚持的就要坚持。

2. 放手——在"共同理念"和"信任专业"两项前提下，何妨让伙伴挑大梁。

7 地狱 vs. 天堂

陈冠希从地狱走向天堂

艺人是公众人物，一举一动都在观众的放大检视中。往往爆出负面的事件之后，这位艺人便会如过街老鼠，人人喊打，负面的形象如影随形，很难再回到演艺圈。这种挫折，岂止是谷底，根本是打入地狱，可以再度走入天堂，受人喜爱吗？

2008 年，陈冠希的计算机送修，硬盘中的不雅照却被恶意拷贝上传网络。因涉及多位当红女星，引起轩然大波。他只好宣告无限期离开演艺圈，沉寂了好几年。

但他并没有一蹶不振，回到美国，发挥自己的才华，重新学习艺术。接下来，与不同的艺术家跨界合作，在新加坡合办艺术展。

陈冠希外形条件很受大家喜爱，衣服搭配很有型，成为许多年轻人模仿的对象。他抓住这项优势，开设了潮牌①，参与设计，在大中华区很受欢迎。渐渐地，他俨然成为潮牌教主，陈冠希这三个字几乎与时尚画上等号。

几年后，他以潮牌教主之姿，宣布重回娱乐圈。媒体质疑："不是说过无限期离开娱乐圈吗？"他解释，"无限期"可能是 5 分钟，也可能是几千年，从来没说过永不复出。

---

① 潮牌：指一些原创品牌有自己的设计，张扬设计师的独特思想品格、风格和生活态度，整体商品感觉被人认可为潮品的品牌。

他与种子音乐签约合作，制作 *CONFUSION* 专辑。主打歌 *I can fly* 由周杰伦作曲，他自己填词。他全心全意要从谷底起飞，由全新的起点出发，歌词内容道尽他的心声。

当你听到这前奏

号角为我吹奏

代表着我又重新回到这个地球

看着那海浪

浪潮起又潮落

人生的起伏可以追求不用强求

喔 我 我 我曾经倒过

试着爬起只是 但是 还是 可是

喔 我 我 我站在路口

到底那一条路才是出口

我只是过了一天

但是怎么好像又过了好几十年

还是潮牌衣服又到底做几百件

可是温暖的爱有梦会不会实现

在天国的天边

有一位天使在歌唱

要我别放弃自己

爱惜珍惜生命你们不要忘记

我望着天空

看着飞机慢慢飞过

云被吹散还会回来

坚持的勇气能否给我

我告诉自己

I can fly

I can fly I can fly I can fly

我走我走 我走在屋顶到那边边缘

这样日复一日

反省好多遍

二百三百遍

二千三千遍

时间都在变

世界也在变

不过世界怎么变

我还是叫陈冠希

有这么两句话

请跟我念一遍

Can you forgive me

or forget about me

我睁不开眼 神啊

请告诉我前面的路要怎么走啊

曾经身在天堂下过地狱的我啊

这是我的故事只想让你们懂事别做傻事

那天空是如此宽阔

不管雨下过有无天晴不重要

飞得越高摔得越重

还是摔得越重飞得越高

我望着天空

看着飞机慢慢飞过

云被吹散还会回来

坚持的勇气能否给我

我告诉自己 I can fly

I can fly I can fly I can fly I can fly……

他曾在演艺圈一帆风顺，却一夜之间被打到地狱。似乎已走投无路，却努力重生，一步步构建属于自己的天堂。

为什么种子愿意签下这位饱受争议的艺人？首先，现在的年轻人不在乎他的过去，他成功创立潮牌，似可淡化负面的形象；其次，陈冠希拥有自己的工作室，和创意人合作的音乐，像 Rap 像嘻哈，又不完全类似，有个性有趣味，和潮牌的味道很搭；最重要的是，陈冠希很勇敢，很努力，尽管经历了这么大的挫折，仍没有被打倒，反而走出自己独特的道路，和我的经历在精神上不谋而合。

陈冠希的新专辑，呈现一种"谁也不在乎"的态度，引发年轻人的共鸣。日后接受记者访问，他说："如果有时光机，我不会想要改变过去，对于曾经发生的不愉快的事，并不后悔，因为生命就是这样。一帆风顺当然很好，但如果每天都过得很好，就不知道真正的好是什么？所以，好坏参半的人生才最理想。"

他强调，过去发生的种种风波，是上天赐给自己的礼物。每个人都会经历痛苦，能从中学得经验，下次就不会再犯。他愿意面对不堪的过去，媒体要问，他并不回避，只是质疑："你们应该问我的现在才对吧？"

这位个性很直的大男孩，做人做事没有太多的界线和迂回。媒体问他女朋友是谁，他直截了当地呛："你没做功课，我女朋友的照片在instagram① 上都有啊！"

陈冠希的潮牌 CLOT②，在上海、香港、台湾及马来西亚等各个国家和地区开设 JUICE③ 实体店面。同时，他还有自己的公关公司和演艺经纪公司，已经从一个品牌变成集团。

他曾对记者说："我不知道自己有没有跟别人不一样，但我知道自己不一样就行了。"关于自己的定位，他说："如果还有人以为我只是个艺人，那他们就低估我了……"

就如同陈冠希说的，每个人都可能面临突如其来的打击，不要问为什么自己这么倒霉，而要问自己如何面对。虽然过去的事情无法忘记，别人也会没事旧事重提，但年轻的你，能不能专注现在，认真做好手中的工作？如果努力去做，你也可以走出地狱，到达天堂。

---

① instagram：一款最初运行在 iOS 平台上的移动应用，由 Kevin Systrom 和 Mike Krieger 联合创办，以一种快速、美妙和有趣的方式将你随时抓拍下的图片进行分享，2012 年后亦可在安卓系统上使用。
② CLOT：陈冠希在 2003 年创办的服装品牌，并亲自参与服装的设计、用料等各个方面。
③ JUICE：陈冠希所开的潮店名，出售潮流品牌衣帽、箱包、公仔等产品。店名灵感来源于一部名为 Juice 的美国黑人电影。

关键词辞典：

1. 地狱——遇见重大挫折，而且全世界都唾弃你。

2. 天堂——努力从挫折中重生，专注做好手中的工作。

Part 04
To Rule

同一个 "I"，前十年与后十年的管理风格，却截然不同。

前者意气风发，雷厉风行，却犯下难以挽回的错误；后者由失败中再起，拥有智者的圆融，管理却能四两拨千斤，恰到好处。

1 温情 vs. 制度

胡萝卜与棍子双管齐下，制度下有温情

从意兴风发的年轻主管，到沉潜后再出发的唱片公司舵手，我的管理方式逐步蜕变。回头审视，别有一番滋味在心头。

一以贯之的是，由淑桦姐那儿学到的自律功夫出发，先自律再律人。但在制度之下，仍保留温情的空间，也就是胡萝卜与大棒双管齐下。

胡萝卜与大棒双管齐下

二十四岁那年，我扛着仅仅四年的音乐圈经历，顶着金童的光环，空降到拥有四五个部门的巨石公司，职位是总监，在老板郑柏秋一人之下。

和宣传部属第一次开会，我打开天窗说亮话。

"张信哲的上一张专辑，销售状况不如预期，我们要想办法帮助阿哲打破'当兵魔咒'……"

"总监，市场变化得很快，学生情人那一套，已经不吃香了，怎么做啊？我当宣传十多年了，看得太多了。"一位老鸟带着睥睨的神情，倚老卖老地呛声。

是啊，我的部属们，每一位年龄都比我大，十多年经验的资深同仁，也不在少数。中午时间，大家结伴出去吃饭，我往往没人搭理。大家多半对你很客气，但是敌意的氛围，浓得化不开。

落寞地出去买了点食物，回到办公室慢慢啃着，思索着下一步。我打算胡萝卜与大棒并行。首先，先给胡萝卜。同事不找我吃饭，那我请他们吃饭好了。

"以前阿哲的营销宣传，你们是怎么做的？最困难的地方是什么？"

一面吃饭，一面轻松地聊天。渐渐地，同仁们化解心结，虽然骨子里仍认为我是个乳臭未干的小子，但至少可以真诚地谈事情，对我的工作衔接，是一大助力。

接下来要挥棒子。观察到巨石的工作形态并不紧凑，我决定做一些改变。

"从下周开始，每周一早上 11:00 的会议，一律不准迟到。11:05 以后才到的人，对不起，就要请你出去！"

下个礼拜，开会时间过了五分钟，同仁们照样三三两两地进来，有的漫不经心地聊天，还有人在吃东西。

"阿凯、小娟和李大哥，不好意思，你们迟到了超过五分钟，请你们都出去。"

我严肃地说，阿凯、小娟和李大哥吓了一大跳，交换了眼神，众目睽睽下，默默地离开会议室。从那天开始，部属们不管菜鸟或老鸟，都知道我是玩真的，威信才慢慢地建立起来。

"现在最重要的任务，就是要让张信哲的唱片大卖，让阿哲再度红起来。"

"你们以前做不到的，我现在做给你们看。"

许下目标，我知道，只有这件事成真，同仁才会真正服我。

张信哲大胆地摘下黑框眼镜和改唱深情歌，《心事》专辑中蜕变为全新的形象；"写信给阿哲"的营销宣传，让歌迷的信如潮水般涌来，情歌王子的地位确立。

设立 KPI^① 员工闻之色变

阿哲营销成功，同仁服气了，我开始大刀阔斧建立管理制度。强悍严厉的形象，在同行之中传得沸沸扬扬。"在田定丰手下做事，很可怕。"大家窃窃私语。

和同仁私底下可以谈心交朋友，但到了办公室，一切要按规定来。不爽规定，要辞就辞，我再延揽其他人才。

拥有权力，就要运用权力让事情做得更好，而不是玩弄权力。我不是光为了给他们下马威，而是要建立制度，让工作更有效率，相信这样才能真正赢得人心。

"小玲，你是电台宣传，中广每周至少要播歌三十五次。"我下了明确的指令。

小玲挑着眉，不置可否。

过了一周，开检讨会。记录摊开一看，中广播歌只有二十次。

"小玲，你为什么没有达成目标？"

"一周要播三十五次，每天要有五个节目播我们的歌，很困难啊，

---

① KPI：Key Performance Indicator，关键绩效指标，通过对组织内部流程的输入端、输出端的关键参数进行设置、取样、计算、分析，衡量流程绩效的一种目标式量化管理指标，是企业绩效管理的基础。

怎么做得到？"

"等一下到我办公室。"

办公室内，小玲坐在我面前，显得有点愤愤不平。

"告诉我，你为什么做不到？"

"真的不太可能！"

"知道吗，这些我都经历过。我不是给你一个不可能的任务，故意为难你，而是知道你可以办得到。"

"那，你可以教教我该怎么做吗？"

"首先，记住我们是广告客户，大可理直气壮地要求播歌，你有没有抓住优势，和电台谈判？"

"其次，你有没有为了公司，每天守在电台紧盯着？你不每天盯着，人家又为何要配合帮你播歌？"

"再者，也要花时间用方法，和每位主持人维持良好的关系，这样子大家也播得心甘情愿嘛。"

这就是我要求员工及训练员工的典型案例。除了电台宣传，包括报纸宣传、电视宣传，我都把他们当作业务员来训练，分别定下 KPI 目标。

"宣传这么软性的东西，又不是卖商品，怎么订 KPI 啊，我们的主管真是搞不清楚状况，还是太年轻了吧。"

许多资深的同仁私下抱怨，认为我的做法一定会自打嘴巴。但是慢慢地他们就发现，所有的工作细节，身为主管的我都做过，没有人可以糊弄得到我，我也不会故意刁难人。

每个人面对自己的 KPI 目标，最后都只好摸摸鼻子，努力去完成。

我倾囊相授，同仁们学得扎扎实实，也没有打马虎眼的空间。同仁很辛苦，我也陪着他们加班熬夜。于是，向心力一点一滴地凝聚起来。

重视温情，制度的螺丝不能松

有一次工作正忙，一位男宣传主管，面带难色地找我。

"丰哥，我可不可以晚上六点左右回家一趟？"

"有什么事吗？"

宣传主管吞吞吐吐："嗯，我得回家弄点东西给老婆吃，不然她玩电动玩得忘我，忘记吃饭，是会饿死的……"

情况有点夸张，但我还是放他回家。同仁真的匆匆忙忙回家当了"煮"夫，又再进公司奋战。

提起这段小插曲，我无意拿来当茶余饭后闲嗑牙的材料，而是要强调，在雷厉风行的管理制度下，也要有人性关怀的空间。管理，以照顾员工的想法出发，才能提升向心力。

但是温情与制度经常互相拉锯，太深的革命感情，有时反而会让制度的螺丝松了。

记得某位企划主管，尽管有创意，却常粗心大意。有一次 CD 的歌词未经二三校就送印刷，完全错乱，我吃下所有损失，提醒他不能再犯。没想到紧接又发生颜色没有套准的错误。另外，这位主管总是下午三点才会进公司，如同特权分子，引发其他同事的怨言。如何处理这位革命伙伴，让我陷入两难。

后来我画下制度的红线，赏罚分明。虽然惹来不讲义气的批评，却让公司运作上了轨道。

年轻时当主管，胡萝卜与大棒双管齐下的管理方式，通常一体适用，一心追求效率。经历过失败，重启种子后，我的管理方式变得弹性和圆融。有些人，只要激励，就可以做得更好；有些人则一个口令一个动作，得在旁扇风，火才旺得起来。面对不同情绪、态度的同仁，管理方式必须做相应的调整。

创意人和行政人员，工作内容不同，个性也不一样，我挥舞大棒的力道和奖胡萝卜的方式，也因此有两套标准。

行政人员的管理方式如同一般公司对员工的要求，有一定的规范。面对宣传、企划、项目等创意人员，就得采取责任制，不能用僵化的时间来约束他们。

有时看到企划同仁在发呆，"要不要去看场电影？"我会这样劝他们。发呆，表示思绪卡住了，不如出去走走，也许会灵光一闪，至少比绑在办公室打卡磨时间好多了。

"想休假，就告诉我。"常告诉同仁，只要工作应付裕如，我非常赞成他们旅游散心。我最常劝现任助理的一句话，就是"去谈个恋爱吧"也是同样的道理。

"小黑，半夜12点了，我求你快下班啦。"有时看到同仁像拼命三郎，工作到很晚，我就会赶他们走。把工作当作生活的全部，很不健康，我希望同仁，要有不同领域的接触和感受，这样才是真正的生活。

一个礼拜只有一次，我会恢复以前"很可怕"的田定丰，就是行之有年的周一早上11点的例行会议。

所有平常浪漫的、不羁的，或是不按牌理出牌的创意人员，都得乖乖准时到场，战战兢兢地准备好所有的数据。因为他们得向我报告，这一周做了些什么，皮不绷紧点行吗?

　　那是得血淋淋拿出成绩的检讨会议，不仅得面对我的鹰眼，还有同事间的竞争比较，压力很大。平常我自由放任，这一刻见真章，但同仁们却因此更认真。

　　至于巨石时代宣传人员闻之色变的 KPI 制度，放在当今已不适用。因为媒体生态转变，整合营销的方式更是五花八门，再也不必亲自送稿到报社看大记者脸色，或守在电台盯播歌了。

　　但是对各行各业来说，KPI 就是个目标，让努力有方向，让员工知道为何而战。设立，有助于克服人人都有的惰性，只是要记住：KPI 不是短跑的目标，而是马拉松的历程。这个月业绩未到，下个月再补回来，以半年或一年的期限为观察基准，是较为人性化的管理方式。

　　明确的制度下有人性化的空间，管理刚中带柔，拥有弹性，让公司像个有规矩的大家庭。

关键词辞典

　　1. 温情——和部属交心，但不能破坏制度。

　　2. 制度——管理行政人员，遵循规范；管理创意人员，自由放任，只要盯结果。

2 顺性 vs. 引导

换位思考，扮演心理师

从担任小宣传开始，我一直进入不同艺人的世界。当我还来不及了解自己的时候，就必须不停地了解别人。

除了和制作单位不停地折冲磨合之外，照顾艺人也是宣传最重要的工作之一，等于是既要攘外，也要安内。每位歌手的风格个性南辕北辙，时间观更是天差地别，宣传人员如果不懂得顺着他们的性子来，一定会状况百出，冲突不断。

对艺人脾性的掌握，奠定了日后管理带人带心的重要基础。不同的是，照顾艺人要顺性，当主管着重引导。相同的是，都像是扮演心理医生。

照顾艺人，奠定管理基础

音乐界是人的行业，而人变化多端，像宇宙一样深不可测，很有趣，也很难掌控。唱片公司面对不同的艺人，要照顾得好，就得找到适当的方法。

举例来说，先前提到淑桦姐的时间观是中央标准时间，通告不但绝对不迟到，更会提前到。面对淑桦姐，宣传人员的时间管理必须做得更好。

相对地，浪漫的潘越云，对时间自有一套自己的诠释。她养了十多只猫宝贝，每次出门，都是十多场难舍的分离，每一场都要抱抱亲亲，讲讲贴心话，不知不觉时间就跳跃而过。面对她，宣传人员可得要点心机。

往往下午两点钟的通告，时间到了，现场记者挤得满满，摄影大哥们也都站好了位置，但阿潘还是不见人影。

"阿潘，你在哪里？记者已经到了喔。"

"我快到了，我快到了。"她的口吻，撒娇得让人不忍数落。

三点了，潘越云还没有出现。

"你在哪里？"

"我在停车，再等一下……"

后来为了搭配她随性的时间概念，如果是三点钟的通告，我就谎称是两点，没想到几次之后就被聪明的阿潘识破。

"这次的通告应该是三点不是两点吧。"阿潘挂了电话，洒脱的身影，四点才出现在大家眼前。

陈升，又是另一种典型。有一次杂志记者想访问他，和他约在公司后面的陶石茶坊。我们聊了两个多小时，从影剧谈到政治，从天气说到养生，升哥还是不见人影。拨了电话也没人接，我只好不停地向记者道歉。

对性情中人的升哥，只有动之以情："升哥，你放记者鸽子，人家很可怜呢，害人家排好的事情泡汤，其他什么事都没办法做了，很惨……"

"喔！歹势①啦，那一天喝烧酒，喝了茫茫②……"升哥觉得歉疚，下次可能会节制一点。

面对潘越云，要说到她心坎里。

"阿潘，下次早点出门啦，我知道你照顾猫咪很辛苦，还是我们找人帮你养好了……"

阿潘总是会温柔地拉着你的手撒娇："好啦，以后不会了。"当下，让人除了脸红之外，也不知道还能说些什么。

艺人通常个性鲜明，我也有自己的个性。为了工作，我必须常常妥协，但妥协会失去自己的个性；太坚持，又可能和艺人起冲突。坚持与妥协之间，是一条难以拿捏的界线。该怎么做？

我的解决药方是换位思考。站在他们的立场，了解他们要什么，双方才有良性沟通的可能。许多的冲突和情绪，都来自于无法换位思考。我们通常想的是自己要什么，强调自己的个性。但每个人都有个性，要听谁的呢？

换位思考，是当今强调自我的年轻人，很需要学习的一堂课。

从事宣传工作时，磨出心理学基础。三十多岁种子重新出发后，我对人的观察，更加透彻和成熟。

办公室气氛，责任在老板

每天到办公室，和同仁打个照面，八九不离十的，我即可感受到他们的情绪。不管是平和、高昂、愤怒或低沉，都必须遵循他们的性

---

① 歹势：闽南语，不好意思，主要用于道歉场合。
② 茫茫：台湾俚语，迷糊混乱，多形容醉酒后的状态。

子去引导才能事半功倍。

有些创意人很皮，性格不怎么好，经常在办公室摆一张臭脸。我会带他出去喝杯咖啡，一方面理解他的状况和现阶段的需要，看看可以帮什么；另一方面也提醒他，负面态度可能带给别人的影响。聊到后来，可能干脆批几天假，把事情厘清一下。

很不喜欢有人在办公室发泄情绪，如果发生了，最好的处理方式，就是把当事人叫到办公室，要求双方冷静下来，彼此说服，我再适度给些意见。再不行，就约出去喝点小酒，放松放松，转移一下，很多争执点就解开了，毕竟大家的出发点，都是为了把工作做好。

员工犯错，最忌当面指责，应请他到办公室详谈。有些主管很强势，习惯用命令式语句说话，年轻主管有时为了达成目标，很容易失控骂人。可能赢了一时的战力，却输了向心力，得不偿失。

办公室的气氛，主导权在老板手中。如果低气压笼罩，不管是不是老板造成的，都得负起责任，改良为适合工作的平和圆融气氛。

常常在繁忙后稍事喘息的午后时光，我打开红酒，让大家畅饮舒压。气氛不对劲时，就出来说说白痴笑话，要要宝①，和大家打成一片。

为什么要这么做，因为我是公司的老板，同时也扮演心理医生的角色。用换位思考的方式，进入员工的世界，希望带领他们，在工作和生活中取得平衡。

扮演心理医生，有时光是陪伴，就有可能帮助朋友慢慢走出生命的低谷。就像当年的张信哲，面临"当兵魔咒"，我就常带他去兜风散心，吃饭聊天。对艺术家性格的歌手来说，缺乏自信就毁了人生，一

---

① 要宝：原意为卖弄、炫耀才能，因为表现可爱以拉近和别人的关系。

定要为他们打气。但激励到某种程度时，必须适度拉回，以免乐观过了头，自信变成了自大。

陪伴吴克群走出挫折

打破"一片歌手"魔咒的吴克群，往巅峰前进的过程中，也曾遭逢重大变故。

距离人生第一场大型演唱会仅剩不到一个月，克群被发现罹患了僵直性脊椎炎。"梦想如此之近，绝对不能放弃！"克群尽管连下床都有点困难，还是硬撑着努力练习。

"定丰，你要答应我一件事，克群这次的演唱会一定得取消……"克群妈妈打电话给我，忧心至极地请托。这通电话像晴天霹雳，我终于了解克群状况的严重程度。

演唱会售票情形很好，现在喊卡，所有的投资和收入都将付诸流水；但不顾一切铆下去做，让克群吊钢丝、做危险动作，把身体搞得更坏，演唱会恐成绝响，得不偿失。

我思考了一两个钟头，直奔彩排现场，告诉克群，演唱会必须取消。紧急举办记者会，宣布消息。

当梦想触手可及，谁愿意放弃？克群的情绪非常激动，记者会上几乎落泪，完全不愿接受，我温和相劝，却很坚持。

我告诉他，这真的是极大的打击，我的难过不下于他。但任何事都比不上身体重要，把身体调养好了，未来还有上百场演唱会等着他表现，何必冒着把身体搞坏的风险呢？

要他替歌迷想想，现在状况不佳，也许只能拿出四十分的表现，对观众并不公平，何不等到可以表现一百分时再亮相呢？也请他替我想想，如果任凭他搞坏身体，大家怎么对他的妈妈和歌迷交代？

花了很长的时期陪伴克群，带他去复健看医生，帮助他走过梦想破碎的失落，辅导他换位思考，转变自己的眼光。

克群忍住一时的沉寂，通过挫折的考验，日后真的大放异彩。多场售票演唱会接连举办，更进入鸟巢表演。

顺着员工的性子，是有效引导的基础。如果主管只凭自己的兴致，不去理解员工的性子，管理的质量将大为不同。

关键词辞典

1. 顺性——通过换位思考的方式，去了解别人。

2. 引导——以顺性为前提，带人带心。

3 自信 vs. 逞强

逞强的背后是缺乏自信，建立真正威信的方法

"想不想在 EMI 体系下成立公司？我们有这样的计划，想请你来掌舵。"

二十六岁那年，我还在巨石。巨石的亮眼成绩被博德曼音乐公司 (BMG) 看上了，有意收购，巨石老板郑柏秋意愿浓厚。我和张信哲，都面临是否要跟着巨石转进 BMG 的抉择。那时候，EMI 找上了我。

设立公司！年轻的我，在音乐界的资历还不到六年，创办一家新公司的机会，竟然唾手可得。这远远超过我的梦想，是个多么大的诱惑，也是压力多么大的挑战啊。我很想要，但也很害怕。

26 岁的总经理，硬撑的强悍

我忐忑地接下了任务。担任 EMI 旗下种子音乐的总经理。

流行音乐界一片哗然，批评质疑的声浪一阵阵涌来。

首先，母公司 EMI 内部引起轩然大波。许多资深优秀的主管，已经在这一行操练了几十年了，他们愤愤不平："为什么不给我们机会？反而把大权和资金交给外面一个乳臭未干的小子来玩？"

其次，同业也觉得很夸张，不敢置信。

"田定丰真是小孩玩大车，愈玩愈大，现在连航空母舰都敢开啰。"

"就凭他,玩得起吗?够格吗?还不撒泡尿照照。看着好了,我就不相信他做得到。"

同业等着看我的笑话,传言和谣言愈说愈离谱。巨石老板郑柏秋也对我很不满,撂下狠话说,如果我有种敢挖走张信哲,就走着瞧。

"你们愈看不起我,我的能量就愈大。你们对我愈强硬,我绝对比你们更强硬。"

我一遍又一遍地告诉自己,我不会被击倒,要做给所有的人看。

张信哲不续约的消息不胫而走,过去一向很挺我的媒体朋友们,受到外界的影响,对我的看法开始动摇。

"想挖走张信哲,做法太不厚道,忘记人家以前怎么提拔他的吗?"

"还是要顾到道义吧,总不能翅膀长硬了就想飞,太不懂人情事理了。"

"我并不是你们想的那样……"我心中呐喊着。但很多事情,不能解释,只能往肚里吞。我感到很受伤,但腰杆还是要努力挺起来。

当时的我,每天穿上西装,打着领带,戴着眼镜,进入公司,努力要让自己看起来像个老板。二十年后的现在,看着那时候的照片,好笑又感慨。

体面的西装,是我的盔甲;咄咄逼人的态度,是我的武器;隐藏在其下的,是个非常害怕的孩子。四面楚歌的我像一只独木舟,外界的敌意仿佛夺命的旋涡,于是,我用装出来的强悍,面对员工、艺人、媒体、同行们和往来的客户,硬撑着快要破碎的信心。

种子音乐初期,我硬撑的强悍,后遗症就是严重的不安全感。

张信哲和巨石的合约到期,加入了我们。为他制作专辑,是一场不能失败的战役。

期望愈高，压力就愈大。种子音乐的每位同仁，每天紧绷着神经，我尤其患得患失，每天都得靠安眠药才能得到短暂的休息。

那时，我住在青田街①，是租的房子，我常邀请员工来家里做客。

我们的公司不大，只有十多人，大家挤在我三十多坪的房子里，好不热闹。我总是买鲍鱼粥和红酒招待他们。

"碰！""胡了！"

"顺子！""pass……""pass……""我同花顺……"

同事们在紧张繁忙的工作之余，喜欢打打牌，舒舒压，我提供场地给他们玩，买了高档食材，请他们吃吃喝喝。有些人打得兴起，可以一夜不睡，有的人累了先睡一下，再轮流上场。

吃喝声、洗牌声、笑闹声、呼噜声，充满了空荡荡的空间；人影绰绰，来去如梭，形成复杂的线条。

我的居所，嘈杂到快发疯，拥挤到快爆炸。但只有这样，我才能浮起来，免于坠落于空洞中。

我这个老板是不是把员工宠坏了？其实，不是他们吃定了我，而是我需要他们。

为了阿哲的新专辑，我表面积极内心却惶恐失落。如果一个人在家，就算是吃了安眠药，我也不敢入睡，只有听着他们笑闹的声音，才能得到些许抚慰，安心沉入梦乡。

虽然如此，却必须掩饰得不落痕迹，我不能让员工们知道。员工是要仰赖老板的，如果发现连老板都极度恐惧，怎会有信心呢？而我

———————————

① 青田街：台湾旅游景点，以各式叉巷和老屋著称。

的焦虑担忧，是我自己的担子，得自己扛，不能累着他们。

尽管艰辛，但携手打拼的革命情感，却无比窝心。当时我们的工作和生活几乎都绑在一起，和同事们是事业伙伴更是家人，感情非常深厚。

诚实面对不足才是真正的自信

伪装的强悍，其实是很多年轻创业家或舵手必经的过程，一直要到心思成熟了，才知道有更好的选择。

年轻老板建立威信的最好方式，并不是凡事我说了算，不容挑战，而是"诚实面对自己的不足"。当领导者，不可能什么都懂，只要拥有相当的专业，其余的部分，别逞强，就由你属下来帮你吧，这才是真正的自信。

团队合作的精神，就是领导者扛起责任，让部属各自的专业巧妙配搭，发挥到极致。做出一定的成绩后，你的威信也在不知不觉中建立起来了。

伪装的强悍，其实很容易被戳破。大家都看在眼里，你就像穿着国王的新衣，只有自己以为伪装得很好。

撕下老板的标签吧。记得自己才二十啷当岁，才懂得去倾听，才会得到更多的帮助。否则你硬撑着，拒人于千里之外，别人也不知如何帮你，只能冷眼看你掩饰心慌意乱。

话说回来，不论你是哪个时代的老板，面对年轻部属，可别老摆架子，否则后续工作进行和相处，问题多多。就算你自己能力和企图心再强，也都像超跑^①行驶在坑坑洼洼的产业道路上。

最好的模式，是老板不像老板，和员工一起打球、玩电动，像朋友一样。苏打绿的老板林炜哲就是典型的例子。

林炜哲原来是制作人，在苏打绿的成员们还是学生时就发掘了他们，成立了工作室。林炜哲和苏打绿一起玩音乐，一起创作，像伙伴又像家人，很让我羡慕。

面对压力，要开发工作外的兴趣

追抚往事，不禁感慨，当时的我，除了工作，没有其他兴趣，才不得不深陷"伪装的强悍"和"不安全感"中。如果能够重来，面对纷至沓来的压力，我一定会在工作之外开发自己的兴趣，将二者切割，休假时，就要全然放下工作，沉浸在兴趣中。等到再次回到工作，创意的开关可能因此打开呢！

建议年轻的创业家或舵手，也要如此。

关键词辞典

1. 自信——诚实面对自己的不足，接受团队合作。

2. 逞强——硬撑的强悍，背后是极端的不安全感。

---

① 超跑：指兰博基尼、法拉利、玛莎拉蒂、劳斯莱斯等超级跑车。

4 独揽 vs. 授权

大权独揽失人心，适当授权要智慧

种子音乐筚路蓝缕的时期，为了张信哲的新专辑《宽容》出片前的最紧张阶段，我忙到胃出血，住进了公司附近的博仁医院。

大权独揽，失去多年好友

寄望甚深、呕心沥血的作品，怎能在最后阶段打马虎眼呢？于是我要求同仁，不管是音乐影片的粗剪、封面定稿等种种细节，都要送到医院给我看，由我最终做决定。一定要做到最完美，不能有任何闪失。

专辑上市，在流行音乐界掀起狂潮，光在台湾销量就超过一百万张，这是非常令人骄傲的成绩。从这张专辑开始，张信哲由台湾畅销歌手，摇身一变成为亚洲巨星。演唱会一场接一场，巡回中国香港、新加坡和大陆等地，红遍半边天。

阿哲的气势正旺，当年更入围了金曲奖最佳男歌手。记得颁奖典礼时，我冒着冷汗，在台下紧紧抓着阿哲妈妈的手，比阿哲更紧张，揭晓的那一刻，我脑袋一片空白，完全吓傻了。

"最佳男歌手，张—信—哲。"

听到这个名字，狂喜喷涌而上，洗去所有的辛苦和压力，一切的付出，都是值得的。

种子音乐为张信哲制作的第二张专辑《梦想》，主打歌是《太想爱你》，继续缔造畅销佳绩。张信哲如日中天。我长久以来紧绷的身心，终于可以舒缓一下。

张信哲与巨石合约到期后，成立了自己的音乐制作公司"潮水音乐"，并加盟 EMI 旗下的种子音乐公司。当时不懂得分工放权的我，事必躬亲，大大小小一把抓，"潮水"和"种子"虽然只是合作关系，却仍由我主导。

等到阿哲的光芒愈来愈亮，眼界愈见开拓，自然也就开始想自己主导发展。当时的我们太不成熟，见面不沟通，却空中传话，误会滚雪球，裂痕愈来愈大，终于渐行渐远。

不懂分工授权的代价，就是失去一位长久情谊的好朋友。换个角度说，就是留不住自己一手训练出来的人才。

多年后重启种子，相对于张信哲，我和吴克群的相处模式，有了相当明显的改变。

一场游戏，化解争执

营销《大顽家》专辑时，我和克群玩了一个游戏。

专辑中有一首歌叫作《大舌头》，克群觉得这首歌有趣，但不适合拿来作为主打。但是我却相当看好，认为很适合当主打歌。

"这首歌会中喔。"

"真的吗？不觉得。《周星星》比较有创意，我觉得才会中。"

"《周星星》会让你有态度，但不会大中。"

"是吗？我们看法不同。"

"不然我们来赌赌看，我们的营销宣传分为两波，第一波主打《大舌头》，第二波再打《周星星》。我给你 500 万预算玩玩看……"

"好啊。"

"但是我们先讲好，如果你没做起来，我却做起来了，对不起，赢家通吃，以后的主打歌都听我的。"

"没问题，就这么说定了。看着好了，我一定会赢的。"

没多久，市场的反应回来了。答案揭晓，《大舌头》获胜。

以后克群再出创作专辑，要挑主打歌了，克群就会两手一摊。

"老大，你决定就好，我不管了。"克群利落地蹦跳转身，回过头来挤眉弄眼，笑了一笑，人就跑开了。

一场有趣的游戏，化解了可能引发的争执和危机。让克群玩玩看，他就会恍然大悟：很多事情不如想象中的简单。

刚开始克群很不服气："这张专辑词曲都是我创作的，难道我不知道哪一首才是主角？"

游戏的结果，愿赌服输。原来音乐创作和市场营销并不都能画等号，克群也上了一课。

有时候，带艺人就像父母带小孩。适度放手让艺人去试，反而可以让艺人从中学习宝贵的经验，不用多费唇舌。

如果强硬地阻止，虽然你的看法是对的，却在艺人心中留下疙瘩。

"为什么都要听你的？"

"为什么都不给我空间？"

两个人的距离，就会因此愈拉愈远，就像当年的我和阿哲一样。

另外，吴克群也不是都听我的。他是创作型的歌手，我放手让他创作想写的歌，不给框架，也不设时间压力，等到作品孕育成熟了，接下来的主打歌选择，再由我提供意见。克群专注创作，我统筹营销，分工无碍。

主打歌的选择，歌手和唱片公司老板之间，往往会掀起世界大战。为什么？因为歌手，尤其是创作型的歌手，选择的都是最能表现自己创意特质的歌曲；而老板有营销的眼光，知道市场的风向，挑选的角度是——哪一首歌会红。

对我来说，主打歌须具备两项特质：第一是可以朗朗上口，第二是有趣。这两项特质，根植于 KTV 文化。听一遍就会的歌，容易引起流行，情歌或好玩的歌，才能带动气氛。有创意的歌，不容易唱，只能欣赏，在 KTV 中不能带来推波助澜的效果。

虽然如此，主打歌也是塑造歌手形象、打响定位的重要利器。因此不能完全被市场口味牵着鼻子走，甚至要有引领风潮的企图心。

主打歌的选择也不是我说了算，在我们公司，常由同事公开提名，开放票选，我也常常被说服。通过这些，我看到了部属成长的轨迹。如果我不下放选择权，同仁们未来怎么能有独当一面的机会？

落实授权，训练经理人

2003 年之后，我的管理方式落实授权，要各部门主管或经理人担起一定的责任。授权的艺术就像拔河，你多拉几寸，我就放几寸；你松了几寸，我再抓几寸。

拔河那根绳索，是预算。每个经理人就如同一个小公司的老板，按照工作计划，如旗下的艺人一年要出几张唱片等，提出收入目标。再按收入目标，回推营销等费用，甚至把自己和团队的薪水都算进去，最后列出损益表，向我提出预算，也就是要花多少钱。

老板和部属的冲突，根源都在于预算。老板要求的，都是赚更多钱，挑剔员工为什么做不到；部属要求的，却是争取花更多钱，质疑老板为什么不给我。如果不授权员工自己列预算，员工根本不知道钱花哪儿去了，老板和员工间永远没有双赢的空间。

借着经理人制度，部属学着当老板，清楚预算的来龙去脉，自己提的自己负责。这季收入目标一亿元，只做到了八千万元，那么下一季再补回来。员工可以借此了解自己的优势和劣势。

至于我，就扮演顾问。员工提出的预算，我来审核，经过讨论和修正，一次次退回要求重提，帮助员工成长。执行的结果未臻理想，与原定相差太远，我的授权将适度紧缩，有进步时再放。

例行的讨论会中，各个经理人秀出自己的成绩，彼此有竞争压力。当老板的不必跟在后面骂，员工看到自己被比下去，自己就会提高警惕。

许多企业的负责人，都将预算抓在自己手里，怕员工知道太多，这是个错误的观念。只有授权给员工，预算公开透明，才能训练部属担当重任，自己更轻松，公司的表现也更好。

关键词辞典

1. 独揽——一切自己说了算，可能留不住一手打造出来的人才。

2. 授权——像拔河，你多拉几寸，我就放几寸；你松了几寸，我再抓几寸。

5 积极 vs. 安逸

大陆员工企图心强，台湾人重小确幸

种子音乐在大陆一砖一瓦地搭建王国，而且规模愈来愈大。我们需要更多的人手。

翻着应征者的资料，名校毕业的比比皆是，我注意到汪桀这个名字。轮到汪桀面试。我看着眼前的孩子，两眼炯炯有神，口条清晰，心中已经有谱。

问完基本的问题之后。汪桀说："我可以请教一些事吗？"

"当然。"

"我对歌手的企划营销和宣传很有兴趣，也很想了解艺人的经纪业务和数字授权的知识。想请教总经理，这一行的远景如何？我要达成何种业绩，或说什么样的 KPI，我的薪资才有大幅调升的机会？公司奖励制度如何？有正常的升迁渠道吗？"

我微笑着。一一回答汪桀的疑问。

大陆年轻人企图心旺盛

汪桀不是特例，几乎所有的大陆年轻人都很积极，很清楚自己要的是什么。像汪桀，第一次应征就展现这样的企图心，我一点也不意外。

对于大陆员工，延揽时，就要明确说明。这项工作，做到什么样的程度，就可以获得多高的利益。设定了工作目标，他们就会全力以赴。就算没有达成，也不会抱怨，说东说西，会很干脆地承认。

像汪桀这样的孩子，喜欢用科学化的数据，量化自己的工作，规划自己的前景。如此一来，主管不必费心催促鼓励，他自己就会努力做到，我认为相当不错。

这世代的大陆年轻人，非常上进，会想办法进修，要了解得更多。

"老板，可不可以给我们上课啊。"我常常接到这样的要求。

对大陆的员工来说，虽然在音乐公司做事，对于制作、企划、宣传，却不见得了解。他们摸索到的，可能只有表象。因为唱片的制作企划，通常在台湾已经完成了，他们没有机会参与，对产品的本质，知道的并不深入。

在海峡两岸当空中飞人的我，扮演桥梁的角色。将台湾制作企划唱片的想法、逻辑和营销策略，传授给大陆的员工。他们很聪明，迫不及待地吸收信息后，懂得自己消化，分辨有哪些可以在大陆运用，哪些行不通，不会照单全收。

"如何发掘一位艺人的本质，放大他们的特性，通过定位和营销企划，让艺人被大家看见并重视？"

我把自己当作是产品经理，艺人和唱片都是我们宝贵的产品，一一向大陆员工介绍。

看着大陆员工热切专注的眼神，我知道，我倾囊相授的宝贵经验，很快地就会变成他们职场上的养分和成长的动力。他们学习的速度相当快。

当然，两岸的娱乐界和媒体，生态迥异。对于大陆员工，我的基本要求是，不能为了引起注意，扭曲我们的艺人。

在内地，很容易为了博眼球哗众取宠，做出很可怕的新闻。这是我相当反感的娱乐圈宣传文化。只要坚守这个底线，宣传人员要如何发想新闻点子，让我们的艺人形象更好，更能被看见，我都没意见。这是宣传人员要费心思考的地方。

我决定录取汪桀，待遇每月人民币四千元，不算高。汪桀很上进，学习得很快，表现得也很好。一年后，他找我谈。

"老板，我的企划表现如何？"

"蛮不错的，很多案子做出成绩，很好。"

"既然我已经具备这样的能力，是不是该给我调薪了？"

"是啊，是该给你加薪了，你想要加多少？"我试探性地问他。

"我想要求薪水加倍！"

好大的口气！但汪桀有恃无恐。已经有人向他挖角，开出的价码就是高出一倍。

这就是典型的大陆年轻人，清楚自己的斤两，勇于争取权益。对公司的感情和向心力，反而居次。

流行音乐这一行，有趣的地方就在这里。工作人员可以快速地反映自己的实力，很容易地就被看见，也很清楚自己的价值，毫不客气地跟老板谈判。

大陆员工占九成以上的北京公司，人事成本因此愈来愈高。付出这么高的人事成本，是不是值回票价？答案是肯定的。

我将汪桀的薪水加倍，他留了下来。

像汪桀这样的年轻人，肯吃苦，知道怎么帮公司赚更多的钱。他们不只是按部就班地营销宣传，还会想出很多的点子。歌手、唱片、演唱会等活动，就是员工发散思维的平台，他们绞尽脑汁激发很多的创意。有时，他们会主动跟中国移动等电信公司谈，很有可能谈成彩铃业务以外的新的企划案。

"老板，既然我的薪水加倍了，那么我愿意扛五百万元的业绩。"

"好的，加油。"

我知道，汪桀虽然只做出五百万元的承诺，但他的企图心更大。果然，约定的期限到了，汪桀竟然做到了一千万元的业绩。

公司设有奖金制度，部门业绩做到一定的水平，公司提供 10% 的红利分享给他们。这是一个巨大的诱因和鼓励，每个人都铆起劲来拼业绩，创意也被激发了出来。

台湾年轻人重品味，心态安逸

我深深觉得，两岸相较，现代的中国年轻人充满了希望。在大陆接触各行各业，看到很多三十岁还不到的年轻人，名片递出来，头衔都是总经理、总监之类的。

不少年轻人，会笃定地告诉自己："二十七岁时，我要成立自己的公司。"许多人真的说到做到，不得不佩服。在他们身上，我看到年轻时期的田定丰。很可惜，在台湾，我很少看到自己过去的缩影。

台湾的员工除了薪资职位等看得见的利益之外，他们还要求额外的报偿，就是希望在职场中可以待得愉快，和大家成为好朋友，对公司有向心力。因此，对台湾员工，我可以把他们当作朋友，跟他们交心，他们就会为你卖命。两岸员工的管理方式，大为不同。

台湾的年轻人，享受安逸的小确幸。每月领两三万元的薪水，生活过得舒舒服服的，这是和大陆截然不同的价值观。谁对谁错没有一定的道理，但久而久之，两岸的差距会愈拉愈大。

大陆的年轻人，相较之下，较为"向钱看"，很积极，但不一定绝对正确；台湾年轻人，"向钱看"的程度较低，品性可能更好，拥有不错的感受力，不汲汲于一时名利。听起来似乎不错，但是，会不会因此缺少竞争力呢？全球化是挡不住的洪流，我们台湾年轻人的竞争力在哪里？值得忧心。

两岸年轻人，要互相学习

种子音乐的规模愈来愈大，两岸的员工都分别增加到三十人。

但是大陆市场更大，除了已经进入的地区，要持续经营；还有许多不曾涉足的处女地值得开发。

大陆员工马不停蹄地到处跑，北京、上海、广州、杭州，一天到晚飞来飞去。但是他们不叫苦，不抱怨。

相反地，台湾有些员工，对生活质量就要求较高。

"上个月才飞北京，现在又要去上海，好累啊。"

"老板，我已经两个礼拜没有休假了耶。"

"好吧，你就休假吧。"

虽然答应得爽快，但我心想："你们的竞争力，恐怕要输光光了。"

两岸的年轻人，各有特色和优势。如果能多多接触，多多了解，应该能互相影响刺激，学得彼此的优点，改掉缺点，取得中庸之道。

定期的两岸视频会议，是经理人展现成绩的舞台，也像硬碰硬的竞技场。种子音乐的后期，收入多来自对岸，大陆经理人负责的范围也较多，两岸一起开会，高下立判。通过这样的方式，我希望台湾的员工能够受到激励，拿出更有竞争力的表现，大陆的员工，也能从台湾人身上，体会工作成就之外的价值观。

关键词辞典

1. 积极——努力学习，主动为公司开拓新业务，争取自己的权益不退缩。

2. 安逸——追求小确幸，重视生活质量，不汲汲于名利。

Part 05

To Change

离开安全区，有犹豫有害怕，但是不离开，就没有改变的机会。

改变的代价通常很可观，结果却不可预期。如果愿意一试，不论是成功或失败，都有意义，都是人生中值得一再咀嚼的宝贵经验。

1 投资 vs. 学费

投资失败，难得的学费

直到目前的人生中，我有两场失败的投资，金额说大不大，说小也不算小，两次都将我好不容易累积的一桶金，消耗殆尽。付出不菲的两次学费，我终于得到职场教育学分，学分的名称就是："不懂的东西不要碰。"

投资广告公司，一场荒谬剧

第一次的教育学程，发生在刚退伍时。

当兵前，我在《翡翠》杂志当采访编辑。这里的采访方针很明确，就是要从光鲜亮丽的演艺圈中，挖掘不为人知的趣闻逸事，满足读者的偷窥欲。

但我身在八卦杂志，却不想或写不出八卦故事，混得下去吗？当时的《翡翠》杂志社社长康大姐常嫌我："你写的东西都太正常了！"

我心中暗忖："我不会写耸动的东西耶，怎么办？"

"康大姐，还是我去拉广告好了……"我脱口而出。

社长很高兴，我的职涯方向盘，于是略略转了个方向。

"为什么人家要在你这儿登广告？""你可以提供什么诱因？""和其他业务人员相比，我的优势是什么？"这些念头，在我心中不断打转着。

"我的优势应该是和艺人、唱片公司的良好关系，以及文字能力吧。要怎么利用这些优势，带来广告业绩呢？"

和一家发廊接触，为了说服他们登广告，我邀请当时滚石刚出道的创作歌手黄韵玲来这儿做造型。那天，发廊好像在办喜事，上上下下都很兴奋紧张。

黄韵玲来了，"Hi，大家好。"她很亲切地和大家打招呼。

他们派出最好的设计师，和黄韵玲温馨有趣的做了不少互动。我访问设计师的想法，请老板谈谈发廊的特色，完成一篇广编稿。

报道登出来了，发廊觉得话题性十足，广告效果好得不得了；唱片公司也认为，刊登内容很正面，对黄韵玲有加分作用。更重要的是，我为我的东家带来了业绩，也赚了一笔可观的佣金。

现在报章杂志上很流行的广编稿，早在二十多年前我就开始做了。因为写不出绘声绘影的报道，没有打退堂鼓，另辟蹊径，反而开启了一片新天地。

接到兵役单，康大姐说想和我单独聊聊。

"觉不觉得广告比较好赚？当完兵后记得来找我，我们一起创业。"康大姐说着，神采飞扬，我的眼睛也跟着闪烁着。

退伍后，我先回到《翡翠》工作。随着康大姐与我创业计划的展开，我们离开了《翡翠》，又找来在广告公司任职的好朋友阿汉，我们几个人，怀着勃勃雄心，在仁爱路老爷大厦成立了广告公司。我的身份，从杂志社小记者、大头兵，一跃成为合伙人。

踌躇满志的我们，扛着合伙人的使命和骄傲，把挫折当吃补品，一点也不怕辛苦。我们电话一通通地打，动用了所有的关系，却一次又一次地碰壁。谈恋爱有当兵魔咒，难道拉广告也一样？军营难道是另一个时空，从那里出来，世界就变了？以前的得心应手到哪里去了？

业绩一直上不来，我们天天准时打卡上班，电话簿快翻烂了，不停拨电话的手指愈来愈发麻，却毫无起色。薪水发不出来，高额的房租让我们喘不过气，康大姐决定把公司收掉。

那一天，我已想不起细节，只记得冰冷的玻璃撞得我额头好痛，抚着额头的手鲜血淋漓，阳台下的车水马龙好近，阿汉号叫着一把抱住我，接下来意识一片模糊。

在台大医院醒来，我对泪眼汪汪的妈妈说："我要读书！"

"上帝爱你，在你身上有美好的计划，要大大地熬炼你，使你成为有用的器皿。"

表妹向我传福音，帮助我重新站起来。很幸运地，我考进了关渡①基督书院，这学校英文门槛很高，英文很一般的我竟然能够过关，难道是上帝的旨意吗？

当兵前沾沾自喜的积蓄，完全成泡影。我半工半读，替杂志写稿赚稿费，但远远不够付学费，生活也是捉襟见肘。

在《自由谈》和《翡翠》，肯定得来的容易，让我的信心像气球一样快速膨胀。服完兵役后大胆创业，失败却像一根针，马上把虚张声势的信心戳破。

借着杂志社的名气，广告业绩做得吓吓叫②，和成立广告公司，建

---

① 关渡：位处台北市西北端，淡水河及基隆河的交汇口，同时也是台北市唯一的湿地，生态资源丰富。
② 吓吓叫：台湾俗语，很厉害的意思。

立广告客户，是截然不同的两个领域。当时的我自以为很行，康大姐也认为行得通，唯一有广告公司经验的阿汉，也不曾涉足经营，说穿了，我们三个人完全没有专业基础，却铆起劲儿来做。现在回想起来，都会捏一把冷汗。

入股 PUB^①，一场噩梦

第二次的教育学程，发生在黯然离开上华唱片之后。

手中有一些积蓄，在朋友的邀请下，我入股了一家 PUB。当时的我，挫败感很深，心想，只要不跟音乐沾上边，投资什么都好。

PUB 的生意不算优，平常只有小猫两三只。怎么让它活络起来呢？我的营销嗅觉又动了起来。

万圣节前夕，我们请了几个工读生发传单。

"万圣节荧光派对。身上有荧光，你就赢了——免费进场斗阵 high！"

每个人进来，只要身上有荧光色，就可以免费。没有荧光色，也没关系，工作人员会帮他们画，等于统统 free。活动办得很好玩，当天人潮爆满。从此以后，PUB 的生意开始有起色，很多人慕名而来。

红了，是非就多了。

首先是建管处^②告诉我们，按照登记，PUB 百坪的空间中，只有 20 坪可以当作营业使用，其他空间都不行。吓了一跳，房东怎么事先

---

① PUB：夜店、酒馆。
② 建管处：建筑管理处，大陆地区指负责建筑业企业资质的审核、管理及三级企业资质的审批、建筑施工企业项目负责人注册登记的管理机构。台湾地区的管理职责与大陆有所区别。

没有告诉我们?

接下来，有十八岁以下孩子溜进场，马上有人通报警察。

除了警察局、交通大队和消防队，黑道更不用提了，都不时现身关切。种种因素纠缠交叠，财务报表上看起来赚钱的 PUB，反而赔得惨兮兮。

夜生活产业一如黑夜，看不见的陷阱躲在暗处，进去了才发现，却已来不及躲开。

过去十多年，我一直安全地待在音乐界，单纯地用专业来做事。没想到社会其实很险恶，完全无法预期的因素，拖垮了投资事业。

除了要跟妖魔鬼怪打交道，像进货、买酒等细节，我哪里搞得懂?但股东们除了我都是女生，这些吃重的工作，我都得扛起来。

那是一场噩梦。本来作息很正常的我，变得日夜颠倒，非常痛苦。终于结束营业，让我松了一口气，因为再这么下去，就会被拖垮了。

认赔吧，我的全部积蓄泡汤。日子还是得过，于是我用信用卡借钱，循环利率高达 20%，只好以卡养卡，像一场永不止息的噩梦。

别光听别人说，哪项生意多好赚就心动。人家有本事，你有吗?

真正好的投资，有两个充分必要条件。一是你有浓厚兴趣，二是真的了解。考虑清楚了再投入，否则不如买股票，可以研究基本面，至少有迹可循，只要别追涨杀跌，长期或区段投资，一无所有的机会应该较低。

"不懂的东西不要碰"的职场教育学分，学费很贵，但绝对值得。

关键词辞典：

1. 投资——要有扎实的专业基础和浓厚兴趣，考虑清楚了再投入。

2. 学费——投资失败血本无归，就当作是职场必要的教育学程。

2 海盗 vs. 海军

不懂得向上说服，一味妥协的后果

20 世纪最后几年，MP3 的出现冲击着流行音乐界。在此同时，大型国际集团如旋风过境，积极整合兼并本土唱片公司。两项改变给我带来相当大的震撼，寻思着是否有新的方向可突围。

数位风潮就像海啸，非法下载盛行，同业们都不知所措，我也找不到应对的办法。这时候，台湾宝丽金的老板找上我，希望我来管理上华。

进入国际集团，海盗变海军

上华刚被台湾宝丽金买下，而宝丽金母公司已并入加拿大西格集团旗下的环球，因此，台湾宝丽金和台湾环球走向整合是迟早的事。

宝丽金是世界六大唱片集团之一，若能置身其中，视野将大开。虽然我拥有宣传、营销、企划、制作及统筹管理的经验，但从不曾站在财务的眼光来管理一家公司。这是全新的一个领域，我跃跃欲试。但是，要进入宝丽金集团，管理旗下上华，就必须收掉种子音乐。

苹果计算机公司创办之初，公司曾挂着一幅海盗旗，口号是："宁愿当海盗，也不当海军。"这就是贾伯斯 ① 的创业冒险精神，26 岁设立

---

① 贾伯斯：Steve Jobs，大陆译为史蒂夫·乔布斯，美国苹果公司联合创始人。

种子音乐的我，也流着海盗的血液。

但当时，流行音乐界云诡波谲，进入国际集团，似乎是一个比较安全的选择。于是，我结束了种子音乐，带着原有的员工，进入上华，担任总监。收起海盗的风格，我成为了"海军"。

财务管理，我从看财务报表开始学习。

上华和滚石都是大型公司，广告预算手笔一个比一个大，往往砸下几千万元不手软。但数字下载趋势下，唱片的销量直落，过去一张专辑可以卖三十万张的歌手，现在可能卖十万张都不到，百万张级的天王天后，也免不了相同的影响。唱片公司面对新趋势，想抗拒却抗拒不了，还要维持这么高的广告预算吗？

"看看这位歌手，去年唱片卖得吓吓叫，现在世界在变，销售量已经大不如前。再看损益表，在销量缩水的情形下，如果企宣费从三千万元砍到一千万元，是否还有机会赚钱呢？"

我想："以财务的角度来看，一点都没错，但这么一来，歌手就变得没有声音，当滚石等同业声音还很响亮时，我们却自动消音，这样好吗？"

老板进一步说明："除了唱片预算要精简，我们的员工必须从七十多人砍到四十人；至于歌手，有些恐怕公司不能再帮他们出片了，有些则要重新谈条件，否则公司很难盈利。"

"这是相当棘手的任务，以后就交给你处理了。"老板语重心长，而我心中忐忑不安，但既然接下了任务，就要努力达成。

这是一种很奇怪的感觉，接手一家公司，这么多的员工，这么多的歌手，还来不及认识，就要请他们走路。我觉得自己简直就像拿着镰刀的死神，大家惊惧地看着我，生怕被我盯上，成为下一个被砍的牺牲品。

一夕之间，我变成了全民公敌。但是，任务已经交在我手中，虽然不尽认同，也不得不执行。

"田定丰，我会毁在你手里！"歌手的预算被砍，歇斯底里地指着我的鼻子骂。

"听说裁员的名单公布了……"大家交头接耳。生死簿揭晓，被裁的员工带着怨念离开，恨我一辈子。

节流的后遗症出现了，本来是排行榜冠军的歌手，竟然连第三名都挤不上。公司的电话一天到晚响个不停，都是歌迷的抱怨，矛头都指向我。眼看着上华声势愈来愈弱，同行们也幸灾乐祸地把我当笑话看。

我的头发开始掉，出现圆形秃①。暴瘦到五十多公斤，身体状况愈来愈差。回到家没办法睡觉，每天都浑浑噩噩，常常恍神。

被炒鱿鱼，人生重大挫败

老板找我约谈。"定丰，一年多了，你有没有做出成绩？"

"没有。"

"那么……要不要考虑离开？"

"好。"

这个字，有千斤重。但我说出来之后，却很矛盾地如释重负。

---

① 圆形秃：又称斑秃，毛发突然从根部脱落，形成一块圆形秃斑，以后可能会长回来。斑秃还可能演化为全秃和普秃两种。圆形秃的出现原因多认为过度劳累或压力过大。

人生第一次，我被辞退，是前所未有巨大的打击。

进入上华时的美好想象落空，扩大自己格局的期待成泡影。一念之差结束种子音乐，投身陌生的领域，一着下错，全盘皆输。原来，裁员、解除歌手合约、砍大量预算和以财务眼光管理公司，这些事我都做不来。

陶晶莹主持的《娱乐星闻》，一通电话突然打来。

"你怎么好好地就离开上华了？"

我坦白说："你知道的，音乐产业的结构急剧地变化，会有一些新的想法和做法出现。现阶段，我必须要好好沉淀一下，休息一下……"

陶子的电话，原来是现场联机，节目播出了。

当天，上华发了新闻稿："田定丰离开，纯粹是他的个人因素，某某歌手表示支持他离开……"

各报记者收到新闻稿，没有人见猎心喜，都把稿子压下。

"阿丰，上华怎么发这种新闻稿？未免做得太绝了。放心，这新闻我不会发。"

果然，各报都没有处理这则八卦消息。

失魂落魄的日子，我不敢走在忠孝东路上，生怕遇见圈内的人，他们的一句问候，甚至一个眼神，都会使我仓皇失措。曾经身拥无数光环，一夕之间风云变色，我没有心理准备，无法接受自己。

不敢看电视，不敢听收音机，跟音乐有关的事物，我都不敢碰。我努力地想躲起来，但是可以逃去哪里？

安眠药怎么愈来愈没用了，我一口气吞了六颗，开始有点睡意，又被朋友找出去。恍恍惚惚开着车，觉得好像驾驶在云端，马路都在飘。玩过了，怎么回到家的都不知道。

隔天朋友告诉我，昨晚我竟然跟交通警察吵架，开车与老外擦撞，还差点打起来，用很溜的英文骂人。我听得莫名其妙，还问朋友："你找我出去了吗？"

每一晚，我都难以入睡，终于睡着了，就希望明天不要来，我得了严重的抑郁症。

积极向上说服才是良策

现在回想上华的那段日子，我真的成为遵守"军令"的海军。反省自己，当我接下棘手的任务，有没有尽力让事情更好？面对预算大砍，是否曾告诉老板，这样歌手在市场上就没有声音？有没有和老板讨论，是否有更理想的做法？有没有努力去说服，而不是一味听命？

没有，我选择的是消极的态度。

上华音乐，曾经历相当辉煌的年代，旗下拥有不少天王巨星。随着流行风向不断地改变，加上网络的盛行，大众喜爱的旋律已不同，但老板的选歌方向仍遵循过去的成功模式，自然导致主打歌的选择跟不上消费者的口味。

尝试沟通，但老板不以为然。我的角色被弱化，许多事常由制作部门与老板讨论后就下了决定，我夹在中间，丝毫使不上力，非常痛苦。

于是我放弃说服，选择妥协，赌气地认为，老板下的决定，成败不干己事。残酷的是，等到专辑在市场铩羽而归，身为产品经理，责任仍将由我承担。

如果可以重来，我应该积极改变情势，表达想法，与上司间创造新的良性关系。一味扮演听命的海军，压抑自己的海盗精神，必然会无可避免地走向挫败。

关键词辞典：

1. 海盗——勇于冒险的创业精神。

2. 海军——军令如山，消极听命，不敢挑战权威。

3 失败 vs. 祝福

牺牲的正面意义，在于能绝处逢生

行尸走肉的过程没有持续太久，我告诉自己，过去的辉煌就当作一场戏，戏演完了，就脱下戏服，把自己从角色中抽离出来。我调整好心态，准备归零再出发。

我不过三十多岁，为什么不能重新开始？做个小助理、小执行制作，或是杂志社的小记者都行啊。我四处投简历，但都石沉大海。

人家不敢用你，因为你的经历太显赫，头衔洋洋洒洒，现在来应征小助理、小编辑，人家小庙容不了你这尊大菩萨。但是怎么办？没有收入，卡债①又一直累积，终于领会到"一文钱难倒英雄汉"的滋味。

我的朋友遍布音乐圈，但我不能向他们求援，不能让他们知道，曾经叱咤风云的田定丰如此潦倒。虽然自信早已被踩到脚底下，但面子还是要撑住。

流浪深圳，体会世态炎凉

还好，圈外还有熟人。深圳有一位朋友正要在东莞举办家具展，当我向他吐露："其实我的状况很糟。"他说："你来帮我好了。"于是我为他做企划营销，这是我驾轻就熟的工作。

---

① 卡债：指存折卡或信用卡余额为零乃至还有欠款。

终于逃离了音乐圈，逃离了台湾。我将希望全部寄托在这项新工作中，那是狂风巨浪中，好不容易抓到的浮木。

为了这项工作，我努力调整作息，安顿自己的身心。严重的抑郁症折磨着我，但我不想看医生，不愿长期吃药，因为那是以毒攻毒的方法。试着吃素，借着饮食的调整，我开始看到隧道尽头一缕微弱的光……

东莞家具展，获得不错的回响。但是过了三个月，我的账户还是挂零。

打电话给朋友："薪水都没有入账耶。"

他冷冷地回答："我给你机会，你凭什么还要求薪水？"

那是一个酷寒的冬日，冷冽的风在耳旁呼啸，我走在街上，想找个素食店吃饭。当时是2002年，素食的风气不盛，餐厅很难找。

肚子很饿，想着朋友刚才的话，更觉得寒意逼人。

好不容易抓住的浮木，却是一只会咬人的鳄鱼。他一向是个值得信任的朋友，连他都对我落井下石，我还能相信什么？

"铃铃铃……"手机响了。

"阿丰啊，你怎么这么久都没有消息，最近到底好不好啊？"

熟悉温暖的声音，是妈妈。我傻了一会儿，就崩溃了。

"阿丰，就算全世界都不给你机会，还有我相信你啊。"

我号啕大哭，生平第一次。挂了电话倒在路边，我哭到无法自已。

在异乡，最潦倒的时候，千里之外的妈妈竟然感受到了，她实时给了我最温暖的鼓励。当全世界都放弃你的时候，只有你的妈妈没有放弃你，永远支持你。

激动的情绪稍微平静，我深深觉得对不起家人，怎么任凭自己陷入这么痛苦的过程，搞得这么失败？神奇的是，在泪水的洗涤之下，心中有一个念头愈来愈澄澈："田定丰，你还要逃避多久？"

是的，我沉溺在堕落中，逃避自己会做的事。逃得够久了，我决定面对它。

"有一天，我会离开音乐界，但绝对不要这么狼狈地离开。"我笃定地告诉自己。

失败的历程是上帝的礼物

摸索的过程中，遇见来自青海的师傅。我跟着他，风尘仆仆回到他位于西宁的寺庙。在那里，我每天挑水、读经，生活规律。常常，我坐在屋顶，被穹苍所遮盖，看着天上的云，像是静止，又似飞奔，移动重组，千变万化。

身体愈操劳，心愈静。明天不知会如何，归于乌有的事业也不确定如何再出发，但是痛苦渐渐地沉淀，心不会慌。我终于可以好好地睡，身心获得安顿。

师傅说，很多痛苦都是自己绑的结，只有放过自己，从另外一个角度思考，结才能慢慢地松开。一直盯着自己的结，结就愈绑愈紧。

我性格积极，碰到问题就想当下克服。那两周，我体悟到，很多事情，急也没用，干脆先放下。陷在结里，什么事都做不好，决定通常都是错的。

回想仓皇离开上华，我从云端跌落，控诉周围的敌意和不公，彻底否定自己。

当时的我，觉得被世界抛弃，无法承受。如果能理性思考，未尝不能重启种子音乐，另寻出路啊。

这是我人生的重大挫败，却成为对日后东山再起的我最好的祝福。那种祝福，是隐藏版的。当下以为是诅咒，等我走过荫郁的幽谷，才知道那段磨难的日子，是多好的训练，多么值得珍惜。

如果我一帆风顺，一直是那载着光环的田定丰，用着台湾优势，志得意满地前往大陆，很可能，我一下子就铩羽而归，再也不敢尝试。那么，今天的田定丰，可能一直守在台湾，走不出去。

那段彻底失败的流浪日子，是上帝给我的珍贵礼物。如果上帝不曾给我这份礼物，可能到现在，我仍是优游池塘底的一条"大"鱼。在日渐污浊的池水中，扬扬得意。

过去的我，成功来得快。虽然原生家庭经济拮据，暴力老爸不时将"赚钱至上"的观念灌输给我，但我对金钱很不执着，说穿了，就是浪费成性。

落地衣橱一打开，设计师的品牌服饰，洋洋洒洒挂成一排，这些是山本耀司①，那些是亚曼尼②，这儿又是Prada③；住的是有设计感的房子，开的是知名的跑车。该有的物质享受，应有尽有。

改变之后，我不再用奢华撑起虚无的面子，出国旅行不再非商务

---

① 山本耀司：Yohji Yamamoto，世界时装日本浪潮的设计师和新掌门人。以简洁而富有韵味、线条流畅，反时尚的设计风格而著称。
② 亚曼尼：意大利时装设计师，男装修边无系统剪影方面的领导人，以低调魅力和豪华质地为设计特点。
③ Prada：意大利时尚品牌，于1913年在米兰创建。经营范围包括男女成衣、皮具、鞋履、眼镜及香水，并提供量身定制服务。

舱不可，住在破旧的旅馆也甘之如饴。享有的物质，愈来愈简单，但是，心中是实在又满足的。

刚出社会时，看见身为天后的淑桦姐竟然一派朴实，当时只是佩服，却学不会这种高度。经历失败后，才渐渐懂得人到无求品自高的好处。

有两个田定丰，以失败流离的那两年为分界。之前的那一个，嘈杂了十年，现在几乎已经暗哑无声；之后的那一个，变得安静，更认识自己。

关键词辞典

1. 失败——磨难的日子，是值得珍惜的经历。

3. 祝福——咀嚼失败的教训，有机会柳暗花明又一村。

4 困境 vs. 开路

找到两大收入来源，重启种子

在青海安顿好身心，想通了，清理断瓦颓垣，从零出发。

投靠在北京的台商朋友，我重新接触过去音乐圈的人脉和相关的行业，办活动的公司、音像公司等等。那是一个不断变化的市场，处处有值得开发的宝藏，很迷人，但不确定性很高。我应该从什么角度切入？找什么样的方法重回业界？

两岸的交流愈来愈频繁，但是开放的程度不高，双方彼此探试，想要摸索可行的合作模式。但是大家都不知该怎么做，发展方式都不成熟。

北京音乐活动蓬勃发展，当地业界对台湾艺人很有兴趣，想找他们到大陆演出，但是缺乏渠道，也没有合作的窗口。无数的中介人在其中穿梭撮合，一个案子产生，马上冒出十多个牵线人。讯息真真假假，谈判条件各说各话，价码一人一套。

当地业界想找 F4 登陆表演，不知如何直接联络台湾的公司，这么多的牵线人都来找你谈，但谁才是真的？谁比较够力？就算中介人联系上了台湾公司，台湾业者面对模糊的游戏规则，多元的讯息，也无所适从。大家的态度都很小心，很怕受骗上当。

这种情形下，台湾艺人要到大陆开演唱会，并不是件容易的事。尽管市场大饼这么诱人，机会俯拾即是，但仍要通过经纪和代言活动，才能成事。

找到两大收入来源，重启种子

因为不容易，却让我在其中看到了契机。当 MP3 开始盛行，唱片产业似乎愈走愈窄，其实走到转弯处，才发现前方有更宽广的大道。过去太执着专辑的企划、制作、营销和宣传，现在发现，原来经纪业务才是充满机会的蓝海。

唱片销售动辄突破百万张的时代过去了，观念也要跟着转弯。就算销售大幅缩水，在损益表上出现账面亏损，就当作是对歌手的投资。唱片不再只是一片薄薄的数码介质商品，更代表歌手这个独特的艺人。投资歌手，彰显他们无可取代的特色和价值，将成为未来经纪收入得以开发的一座座宝库。

唱片的成本摊平了，超越了。回过头来，经纪业务还可以刺激唱片销售的成长。

我估计唱片公司最理想的状况，音乐本身营收可占三成，经纪业务囊括六成。

所谓的经纪业务，是帮艺人打理所有的演出和代言活动，为各项活动选适合的歌曲，谈判价格，决定用什么方式来表演，适不适合接案等。那是三至五年长期的规划，从为艺人企划定位开始，涵盖出唱片、拍广告、拍电影和举办演唱会。

回想在上华大幅裁员、大减预算的惨烈过程，那是传统的、深陷在迷失中的错误做法。原来，面对数字时代的解药，不是缩减成本，而是经纪业务。这个市场在两岸，尤其大陆，愈滚愈大。

任何经历都是有意义的，因为有上华病入膏肓的阶段，才能够找到今日的解药。

除了经纪业务，当时中国移动的手机铃声下载已经开始。唱片公司可以授权电信公司使用，也可授权网站使用，市场正在起步。

一开始，这个部分可能只占唱片公司很小比率的营收，但前景可观，因为两岸政府及业界都在努力朝此方向前进，想办法让非法下载通过授权的方式合法化。过去，很多唱片公司不敢碰触这块领域，且抱持着抗拒的态度，因为各方的讯息太复杂，难辨真假。

经纪业务和数字授权，就是未来收入的两大来源。

置之死地而后生。拥有两大收入支柱的创新营运模式，终于被我找到了。找到了，就是回台湾的时刻。终于敢回台湾，我写了提案，寻找赞助人。

提案中强调，到目前为止，两岸音乐产业合作，都是通过代理。没有任何一家唱片公司，曾前往北京设公司。我打算走在同业的前面，同时在两岸设公司，利用自己的人脉，掌握经纪和数字授权市场。主动出击，规划艺人所有的两岸演出事业，不必受制于人。

上帝很有趣，当你准备好的时候，他也为你准备好了机会，在那里笑着等候你。

"天使"出现了，他对这项计划的远景相当认同。

2003年，种子音乐卷土重来。

仁爱路，熟悉的林荫大道，依旧时尚与书香并陈。这里，只是十坪的小小空间，拥有三位员工，这是种子音乐的新起点。窗外，亮晃晃的阳光下，台湾栾树①硕果落尽，开始冒出嫩绿的新芽。多数的枝子上，还是枯黄一片，有点难堪，有点尴尬。

没关系，过了不久，绿叶就会茂盛起来了。再等不久，将开满阳光般的黄花，绵延整条仁爱路，就好像金色大道一样。

过去的光环、头衔、旗下曾管理的六七十位员工，都是繁华落尽。我把自己当作是新人，重新发新芽。终有一天，季节到了，我会像栾树一样，绽开满树黄金般的花朵，结出累累硕果。

两大收入来源，是种子音乐的支柱。其实，还有一根隐形的支柱，就是我对流行音乐产业的直觉。靠着直觉，过去，我成功地营销定位许多歌手。现在，我也要靠这份直觉，重新找寻具潜力的艺人。

放下身段，把自己当新人

流行音乐产业一直在玩大风吹，换潮流、换位子，变化非常快，离开三年了，业界一定会质疑："田定丰还跟得上时代吗？"这是个很实际的圈子，谁的资源多，大家就西瓜偎大边②，猛往这里靠。种子音乐，刚起步，寻找歌手很困难，这完全怪不得别人。跟得上时代，还要走在别人前面才能重新被看见。

在此同时，金曲歌后顺子加入了种子音乐，是我们的王牌；我也发掘了被当作"一片歌手"的吴克群，看中的是他的创作才华。乘着顺子在国内的知名度，我规划让她走进大陆，举办大型的演出。

---

① 栾树：别名木栾、栾华等，仁爱路与敦化北路、士林区天母忠诚路号称三大栾树景观街道。
② 西瓜偎大边：闽南语所谓大"边"，是大"瓣"的谐音字，原意为一个西瓜切成多瓣，眼明手快的人一下能抄起最大的那份。比喻一事当前，作出对自己最有利的判断及选择。

现在我是个 CEO，也是个从头开始的新人。就放下身段，把自己当作是个宣传人员或歌手经理人吧！我陪着顺子，一站一站接力地跑，包办所有的事务，重新累积人脉。同时，顺子正制作新的专辑，我也接手统筹所有的细节。

虽然手中的筹码少，至少上了"牌桌"。这个牌局，我很用心地打，绝对不能输。

"国庆节"演唱会，在"总统府"前封街举办，顺子将在台湾观众前演唱。我想，这是一个绝佳的牌局，顺子一定可以打得很漂亮。

演唱会接近尾声，我准备开车到现场，等表演完，接她去吃夜宵。

手机急急响起。

"你们顺子怎么回事啊？"《民生报》记者劈头就问。

"啊？我不知道啊。"

"你没看电视？她失常了，在台上又哭又笑，还一直走音。"

"喔，她很孝顺，可能是太想妈妈了吧。"

"定丰，你应该没看到她的演出吧。"

到了现场，接了她和工作人员上车。大家面面相觑，表情诡异。

真的出状况了。

这是现场转播的节目，各大电视台的 SNG① 都正对着聚光灯下的她。她失常时，大家一下子愣住了，画面马上传送到电视机前的观众眼中。等到回过神来，工作人员才马上将镜头转开……

---

① SNG:Satellite News Gathering, 是"卫星新闻采集"的英文简称，特指装载全套 SNG 设备的专用车，可称为"卫星新闻采访车"。作为一个移动式发射站，电视台工作人员可随时将所在现场的信号通过卫星传送到电视台，电视台再从卫星接收信号播出，因此，SNG 成为电视新闻现场直播的重要技术支持手段。在国外和台湾地区，SNG 的运用已经十分普遍，许多重要新闻事件都是通过 SNG 率先报道的。

我们的工作伙伴，惊魂未定。大伙都饿了，一起去吃吃清粥小菜。

"妈，我今天唱得不错，表现得很好喔。"顺子真的很粘妈妈，演唱一结束，就忙着打国际电话，跟身在巴黎的妈妈报告"好"消息。听着她们母女谈笑风生，我们都相当纳闷，难道她当时，进入了另一个时空？

我们让她看录像，她吓坏了。这件事变成了大新闻，大家议论纷纷。顺子后来只好离开台湾，在北京发展。这对我来说，又是一次重大的挫折。

好不容易上了牌桌，接到了一手好牌，准备全力以赴，没想到却被杀得片甲不留。以为繁华落尽，噩运也跟着说拜拜，其实噩运还躲在角落窃笑。

很沮丧，但我不能放弃，现在手上的牌只剩下吴克群了。我精神紧绷，就如同当年种子音乐在 EMI 旗下成立公司，全力为阿哲做《宽容》专辑一样。但是，前后的境遇，其实是天差地别。

当时，大家嘲笑我小孩玩大车，等着看我搞砸。许许多多的人在台下围观，看我在舞台上能变出什么把戏，等着挑出把戏中的破绽。

这一回合，我像是街头艺人，行人来来往往，没有人驻足观看。"愈不看好我，我就会愈好。"不服输的灵魂自顾自地鼓噪着。

在两岸都找到新舞台

我们在北京成立经纪公司，是一项大胆的尝试。在大陆，文化出版包括唱片发行，并没有开放外资经营，因此我们必须和当地的音像公司合作，由他们负责发行，企划宣传再由我们自己来。

　　刚开始跑签唱会，发行公司为艺人安排的配备很低。记得有一回在上海，湿湿冷冷的十一月、十二月，旅馆内布置简朴，还算干净，只是没有暖气。吴克群和经纪人，两个人挤一间房，半夜冷得发抖，瑟缩着，辗转反侧好久，才终于睡着。隔天是一场硬仗，是大陆第一场签唱会。

　　克群咬着牙撑了下来。感冒了，也不敢吃斯斯①，姜茶喝一喝，暖了暖身子，就要准备上场打仗。

　　吴克群首张个人创作专辑，在大陆造成烽火台效应，一站一站点燃，一站一站扩散。不一会儿，吴克群的名字，在大陆年轻人之间，口耳相传。

　　吴克群第二张专辑《大顽家》，入围金曲奖，挟着声势到内地销售。我们自己掌握企划宣传的各项细节，不受制于人，市场扩展的速度很快。在两岸，他都尝到了红得发紫的滋味。

　　种子音乐再度成立前，在北京摸索的那段时间，听到很多人手机一响起，铃声就唱着《老鼠爱大米》，非常流行。那是网络歌手杨臣刚的歌，瞬间爆红，由服务商制作成彩铃（手机铃声下载），授权给中国移动等电信公司使用。

　　彩铃下载的次数很惊人，几百万几千万起跳，甚至破亿，市场爆炸性成长。往往一首网络歌曲，就可以回收上千万元人民币。网络歌手可以这么做，唱片歌手更是要吃这块市场啊！这是种子音乐的收入两大支柱之一。

---

① 斯斯：台湾地区售卖的斯斯感冒胶囊。

吴克群站稳了脚步，紧接着开拓彩铃业务这块处女地，创下可观的成绩。

MP3 时代，种子音乐开风气之先，在唱片市场的荒原，辟出了属于自己的两条路。而且，这两条路，愈走愈宽广。

回想新千年前后的这段时光，就像云霄飞车的惊险旅程。从上华舵手的云端坠落，再从低谷处重新腾飞。主要的凭借有二：第一是不再逃避的态度；第二是由原有的专业基础上创新。这两大凭借，送给目前深陷困境的朋友，不论你是年轻人或面临危机的中年人，都希望可以成为你们的两大强心针。

关键词辞典

1. 困境——生涯中的荒原，给了你重新开拓的机会。

2. 开路——面临困境别逃避，要在原有的专业中找到创新的利基。

5 终结 vs. 契机

音乐不死只是转换了，这是最好的创意时代

有人说，在数字化的冲击下，流行音乐已死。其实音乐是生活的必需品，不会死亡，也不会消失，只是转换了形式。会逐步没落的，只是音乐载体——CD。

回归音乐的本质和精神

我反而觉得，现在才是流行音乐最好的时代。因为这是个回归音乐本质和精神的时代。只要把音乐做得有特色、透过网络的传播效应，红起来了，人人都可以经营音乐当老板。

除了直接 PO 上网，Live house 更是热情奔放的展示场。年轻人在台上秀出自己的创作，台下的激情就是最好的回馈。一次又一次的表演，爱你的人愈来愈多，口耳相传，甚至有粉丝帮你上传网络，机会，也许就不知不觉地向你叩门。

这是个渴求创意的时代，机会和平台俯拾即是。要知道自己是不是一颗闪闪发光的钻石，就到网络或 Live house 上去冶炼吧！不需要唱片公司发掘，就可以获得验证。

过去的文化，主流音乐当道，独立制作的音乐很难被听见，经营得很辛苦；现在 CD 市场已大幅缩小，就连唱片公司，也不再像过去手笔那么大。独立制作却因此绝处逢生，让主流与非主流那条泾渭分明的线，逐渐消弭于无形。

独立音乐的崛起，叫人目不暇接。饶舌歌手蛋堡①的歌，很多人爱听，唱片卖得比很多知名歌手好，说是小众，又显然已跨出小众。

蛋堡的歌，喋喋不休地唱出年轻人的心声，一点不爽，一点睥睨，一点对社会真实发声的态度，深深地引起社会的共鸣，效应像涟漪不断地扩散。他因此找到了自己的位置，也入围了金曲奖最佳男歌手。

主流非主流界线消失

非主流，似乎又站上了主流的舞台。它的力量，似乎渐渐地强过一般人以为的主流市场。

主流非主流消弭的时代，是分众市场的时代。

消费者听音乐的习惯改变了。以前主流是王道，流行的就是那种番石榴抒情歌②，曲调照着那样走，就是会红。换句话说，主流市场给什么，听众就听什么，选择的机会不多。

现在，每个人都有自己的音乐品味，我爱饶舌、你爱摇滚、他爱蓝调，各听各的调。只要你能得到某族群的欣赏，就很有机会创造自己的独立品牌。

大家都在网络上找自己喜欢的歌，也有很多软件帮忙，你点选了一首，软件就帮你找出同类型的。找歌愈来愈方便，创作者被看见被

---

① 蛋堡：台湾饶舌歌手杜振熙的昵称，以"疗愈系轻饶舌"风格走红。
② 番石榴抒情歌：番石榴又名芭乐，是一种台湾到处可见被吃腻的水果，当地人以番石榴情歌或芭乐情歌来指代一些无聊、泛滥的口水抒情歌曲或陈旧老歌。

听见的机会也愈来愈大。

出唱片不需要千万预算，也许五十万元你就可以圆梦。现在，你把制作费用算一算，如果卖了三千张就可以打平，那为何不试试看？

当然主流音乐，也就是传统唱片公司仍有优势，可以签下大牌的艺人，拥有较多资源，占有市场较大的大饼。

现在的年轻人，只要清楚自己，音乐又够好，想要做出一番眉目，并不困难。在我们年轻的时代，反而不容易，只能争取唱片公司的青睐，不然资金从何而来？

以前在唱片公司，都会收到很多人寄来的创作音乐，刚开始是录音带，后来是 CD。往往杂乱地堆了好几箱，久久都没人闻问。那是一片片被埋没的梦想，但是没有人有时间倾听。

对唱片公司来说，请有名的创作者作曲写词，比较安全。谁会从名不见经传的新人中挑出亮眼的钻石呢？谁想冒风险？

就算你有亲朋好友的赞助，雄心勃勃地想出唱片，一心想赌赌看，很可能几千万元就付诸流水。那时的风险，可比现在大太多了。

二十多年前的创作者，好不容易和大公司签了约，并不是从此就过着幸福快乐的日子。在既定的市场逻辑和规则下，你可能有志难伸，只能制作一些番石榴歌，而且得卖出几十万张才能回本，否则可能变成"一片歌手"，再也无法翻身。

新募资平台出现

群众募资网站 Flying V[①]，下一波将设立音乐创作募资平台，具才华的创作人，在平台上提出计划和想法，就可能吸引有兴趣的人投资。这种新鲜活泼的投资形态，二十多年前有谁想象得到？

看看现在，想想过去，有时会有一种突梯[②]的荒谬感。

依我的经验，以前制作一张唱片大约是三百万元；拍音乐影片、做造型和拍照等企划费，更要耗资五百至六百万元；宣传费更夸张，是千万元起跳。

和现在相比，是不是完全是倒转的世界？彼此对看，都是爱丽丝梦游仙境。

这么高的资金门槛，就是当时的流行音乐入场券。但是买了入场券，还不一定可以打得进市场。而现在的门槛，是好音乐的门槛，抓住共鸣的门槛，完全不吃过去那一套。

网络歌手，早在 2002 年就在大陆市场上探出头来。像《老鼠爱大米》等歌曲，就是在网络上蹿红，再与服务、电信公司合作，彩铃下载掀起高潮。那时我在北京，正要从谷底重新出发，观察到这个现象。

当时台湾仍处在主流音乐思维中，网络歌手不多。

初尝当红滋味的网络歌曲，到底好不好？依我来看，多半很粗糙。当时大陆人口十亿多，大都市的人口顶多一两亿，其余多数都是农民工。他们爱听什么歌？只要能引起生活共鸣和有情绪感染力的歌曲，就从手机下载彩铃来听，粗糙或精巧，不是风靡的重点。

① Flying V：台湾的一家知名众筹网站。
② 突梯：微妙感。

当时，会下载手机音乐的，反而是这群广大的农民工，而不是大都会的上班族或中产阶级。彩铃市场非常大，往往可以飙到人民币上亿的产值。

除了网络，现在有很多的歌手，是选秀节目中蹿起的。

大陆的选秀节目，像《中国好声音》，在歌声竞技中，还流泄着感人的故事。这对盲人姐妹花，以神似邓丽君的声音，唱出坚强的生命；她，原来是幕后工作人员，等待了十五年，终于在舞台上初试啼声；他，已经四十岁，要重新找回十一年前的梦想……

这些故事，勾引着观众的心肠，牵动着现场的气氛。

"你听听，这歌手简直就在唱自己的故事，太有力量了。"

我有些朋友，很喜欢这类选秀节目，往往看着看着，眼眶就微微湿润。情绪感染力，迅速蔓延，从台下观众，一直到电视机前的观众。歌手，就在大家心中留下深刻的印象。

选秀节目的戏剧效果绝佳，创造很高的收视率，非常厉害。但是，这是做节目的本质，而不是音乐的本质。要回到音乐的本质，最好的方式，还是网络或 Live house。

勇敢上网秀自己

"老师，请听听我的歌。"

小宁在 Face Book^① 发了讯息给我，附上自己创作的音乐。

音乐是青涩的，勇气是十足的，我听着听着，觉得充满了希望。

---

① Face Book：脸谱网，台湾意译为"脸书"。美国社交网络服务网站，于 2004 年 2 月 4 日上线，主要创始人为美国人马克·扎克伯格，具有世界级影响力。

我并不想拿出专业音乐人的挑剔眼光，也不愿诚实地指出哪些地方不好。因为，这么做，可能就扼杀了一个刚萌芽的梦想。

"小宁，加油！音乐很感人，某某地方再加强一下……"

我含蓄地提醒他。

其实，我更想告诉小宁的是，现在已经不是非得到唱片公司敲门的时候，为何不上传网络、参加海洋音乐节、争取 Live house 的演出机会呢？

也许，你的粉丝就在那里等你，只要勇敢秀自己，就有机会。大敢试试看，就算第一次不成功，还有下一次。

主流音乐独大的时代过去了，所以我们才听得到陈绮真、苏打绿的歌。这是件好事。

想想看，近几年来，唱片公司有哪些新人让人印象特别深刻的？似乎没有。

如果没有清楚的特色和个性，再怎么企划宣传，强力打歌，也不会引起太大的注意。

在这最好的时刻，对音乐有理想的年轻人，要好好把握机会。

关键词辞典

1. 终结——音乐不死，只是旧时代走向终结。

2. 契机——终结后走向新生，回归音乐的本质和精神。

6 巅峰 vs. 离开

选择在最好的时候离开

重启种子，接近十年时，我们拥有 23 位歌手，包括和英皇娱乐结盟，签下的古巨基、容祖儿等艺人。种子音乐市场版图不断扩大，枝繁叶茂，结出丰硕的果实。

"有一天，如果要离开这行业，就要选在最好的时刻。" 2003 年重启种子音乐，对自己许下的誓言，又再度在脑海中回荡。

种子音乐，已经发展到自己觉得还算满意的阶段。这是最好的时刻吗？是不是该离开了？

过去 23 年音乐圈的经历，很像是一场一场的赌博。每次出片，都豁出自己所有的筹码，一股脑地堆上牌桌，心跳加速地等待结果揭晓。愿赌服输，尽人事听天命。

最好的时候转身离开

现在通过影像和文学创作，没有时间的压力，不为任何目的，仅仅和自己对话。有时，自己就是目的，愈挖就愈深，非常痛苦，但很值得。

很幸运，可以选择自己想要的生活，我的日子简单，没有包袱。我理解现阶段有许多人做不到，可以提出上千种理由，因为真的不容易。

有多大的基础才能放下？每个人的价值观不同。也许等到自己真的满意，到时候可能没有感觉了，也走不动了。为什么不能现在放下？只要降低需求，不会饿死就好了。基础不需要那么大，就可以做得到。

自己的价值自己定。我们一向太在乎别人的看法。当时仓皇离开上华，捷运① 都不敢搭，觉得自己是游街示众的罪犯，很怕遇见熟人，很丢脸。只是，我们干嘛在乎别人怎么看呢？

2013 年，我出让了种子音乐。距离 1995 年种子在科艺百代 (EMI) 旗下成立，整整 18 个年头。

回想种子的起初，正是国际公司大量并购本土公司的风起云涌时期。当时种子音乐成为 EMI 麾下的一个品牌，企宣制作自主，唱片由 EMI 发行，拥有自己的一套财务系统，但资金来源还是 EMI。

后来因一场泄密风波，我打算离开，想把种子音乐品牌买回来。EMI 认同我对"种子音乐"的情感，愿意以相当优惠的价格，将"种子音乐"品牌让给我。唱片业毕竟是人性化的产业，人与人间有情感的联系，很多事都可以谈，不必冷冰冰地在商言商。

离开 EMI 之后，种子音乐的商标重新设计，不再附属于 EMI。种子与魔岩的合作，与 EMI 类似，只是财务与魔岩合一。

后来进入上华，结束种子。经过两年多挫败流浪的日子，2003 年种子重新出发，寻得天使投资人，完全独立运作。独立运作到出让，刚好十年。

对我来说，种子 18 岁，就是一个资质优秀、长大成熟、拥有美好

---

① 捷运：台湾地区对城市轨道交通系统的统称。

前程的孩子。亲自抚育、陪伴他长大的我，就像个父亲，可以放手了。

放手之后，我变回孩子，重新学习，重新尝试，展开第二人生。除了摄影，我还可以做些什么，对台湾这块土地和人们，做出回馈？怎么样让意义可以延伸扩大？

设艺术经纪平台发挥影响力

和几个朋友集思广益，我们想要从自身经验出发，进一步发挥影响力，帮助更多的人。我们集资成立了丰文创，好朋友陈维仁担任执行长。丰文创为三四十岁的年轻艺术家建立经纪平台，谋求跨界展出的机会。我是丰文创的股东，也是旗下的艺术家，但不介入经营。

我们观察到一个现象，台湾现代艺术家似乎没有太大舞台，机会不多，问题到底出在哪里？

多数的艺术家，与艺廊签约，通过艺廊展售作品，但是创作的方向有时也受到艺廊的影响。既然有这样的渠道，为什么受到世界瞩目的大多是对岸的艺术家？台湾艺术家，声音相对薄弱，为什么会如此？丰文创想要在其中扮演推手，让艺术家的价值放大。

我本身收藏了村上隆[①]、奈良美智[②]和草间弥生[③]的作品，也扩及大陆的艺术家。心想，日本的村上隆、草间弥生都曾与 LV 合作，跨界的商机滚滚而来，台湾现代艺术，什么时候可以做得到？

[①] 村上隆：Murakami Takashi，20 世纪 60 年代以后出生的日本艺术家中极具影响力的一位，也是不仅限于日本地区的年轻人的偶像。
[②] 奈良美智：Nara Yoshitomo，日本现今著名的现代艺术家，其作品包括漫画及动画，深受大众喜爱，也在国际上获得瞩目。
[③] 草间弥生：Yayoi Kusama，日本著名艺术家、作家，其设计以大量浓厚圆点和"繁殖"广为人知。

问问台湾人，欣赏本地哪些艺术家？可能大家一时都举不出例子，也不太清楚有哪些渠道可以收藏作品。

日本艺术产业的结构完整，有专属的经纪公司，媒体也大力支持。反观台湾，经营这个领域的媒体实在不多，报纸杂志也没有提供太大的版面，让艺术家有被认识的机会。

我们的计划，失败率99.9%，但是伙伴们愿意试试看。就算不成功，至少尽了力。我们没有将本求利的赚钱模式，而是要艺术家被看见。

我们网罗的艺术家，都拥有知名度，已被认可。我会和他们聊聊，依过去选择歌手的直觉，看看会迸发出何种灵感。

大型建案空间，是我们旗下艺术家展演的舞台；香港大型商场，我们的艺术家利用美丽的剪纸，将它整个包装了起来。

我们曾在桃园国际机场第二航厦策展，展出时间长达三个月。国内外旅客进进出出，行走的动线中，随时会眼睛一亮，看见台湾有活力艺术家的作品，包括雕塑、版画、剪纸、油画等。

公共艺术，是下个目标，希望陆陆续续与地方政府激荡出新的火花。

近来有多项公共艺术炒热话题，像是各地争相邀请进驻的大黄鸭[①]，和台北市的快闪熊猫[②]等。各有特色，相同的是"远来的和尚会念经"，都是国外艺术家所策划。

---

① 大黄鸭：由荷兰艺术家弗洛伦泰因·霍夫曼 Florentijn Hofman 以经典浴盆黄鸭仔为造型创作的巨型橡皮鸭艺术品系列，自2007年第一只大黄鸭诞生，它的所到之处都受到了巨大关注，也为当地的旅游及零售业带来了极大的商业效益。
② 快闪熊猫：2014年2月20日开始的1600只纸制大熊猫快闪，旨在为当时由台北市观光传播局主办的"1600熊猫世界之旅——台北"大型户外艺术展暖身。

扶持文创，政府观念要改变

地方官员和国际知名艺术家合作，媒体报道一窝蜂，营销效应不断发酵，这样的做法可以理解。只是，台湾不把机会留给自己人，如何厚植文化沃土？如何养成国际知名的艺术家？

政府的思维需要扭转，不能看短不看长。

看看大陆，中央与地方政府对文创的挹注不遗余力。以浙江省杭州市为例，它已被赋予全国文创中心的城市发展定位。杭州的文创园区为鼓励艺术家进驻，每坪租金只象征性收取人民币五元，可以看出推动的企图心和魄力。

反观台湾，推动力明显不足，很多人只好往大陆寻觅发展的机会。民间企业如富邦和台新也举办一些文创活动，如粉乐町和艺文奖，但要升高为全民运动，必须仰赖政府的力量。

试想，如果台北市政府提供府前广场，让台湾新锐艺术家策划公共艺术，连展十天，该有多好？

如果政府有整套的文创产业政策和产值规划，预算将可花在刀口上。现在艺术家获得的补助，有的有，有的没有，金额有的多，有的少，意义并不大。有时政府砸大钱挹注文创活动，钱烧完了，什么都没有留下，令人惋惜。

参考对岸的做法，由张艺谋执导的印象丽江、印象西湖 [1] 实境剧，当地的人文和美景就是最好的表演素材，也是旅游行程的亮点之一。投资手笔虽相当庞大，但持续的演出，收益不菲。

---

[1]　印象丽江、印象西湖：和《印象·刘三姐》都为著名导演张艺谋与当地排演的旅游宣传系列实景演出作品。

丰文创想要扮演推动的力量，但是没有前例可循，所以才说失败率99.9%。但只要有0.1%的成功机会，我们都愿意试试看。

放下种子音乐，我就与过去娱乐圈的自己，完全切割。也把Lexus跑车①给卖了，换了一张悠游卡②，觉得很快乐。

上佼佼的节目。佼佼说："几年前我主持吴克群记者会，丰哥你开着大黄蜂跑车进来，酷毙了。现在看到你，很难想象是同一个人。"

我说："那时的我和现在的我，有不同的表象，内在却是同一个。只是当时，处在娱乐圈环境，我必须那样呈现自己，因为那是媒体环境的需求。"

是的，离开后，内外都回归自己，不会再让虚华影响自己。

关键词辞典

1. 巅峰——把手中的工作做到极致。

2. 离开——要选择最好的时候。

---

① Lexus 跑车：雷克萨斯超级跑车。
② 悠游卡：通用于台北地区的非接触式交通电子票证系统，类似大陆地区的公交月票、香港的八达通等，可用于搭乘捷运与市区公车。

7 归零 vs. 起点

摄影开启第二人生

"除了做唱片，我究竟还会什么？"

出让种子音乐的一两年前，我开始思索这个问题。

"天啊！好像都不会耶。"从事音乐工作 20 多年来，除了工作，我无暇开发其他兴趣。淡淡的忐忑和不确定，慢慢涌上心头，那是久违的、属于新人的感受。

"不会，就去学啊。"我自言自语，这是从很小的时候开始，我习惯的自我省思方式。

画画？冲浪？当厨师？

画画好了，不行，上帝没有给我美术细胞，从小就把美术课视作畏途。还是冲浪？我挺喜欢的啊，但我已经四十多岁了，体力恐怕受到限制。

喜欢吃，当个厨师好了。但我吃素，食材能做的变化并不多。没关系，洗手做羹汤，请朋友们来鉴定一下手艺吧。

记得那天，我起了个大早，到市场采买，装了满车回家。进了厨房，光是洗洗切切弄弄，就花了很多工夫。接下来，一样一样仔细烹调，有的要大火快炒，有的要细火慢炖，有的要抓紧时间，有的要耐心等待。

大功告成，我仔细摆盘，WEDGWOOD[①]的骨瓷碗盘全数登场。看着满桌色香味俱全的食物，简直是艺术品。

朋友们来了，他们赞不绝口，不到半小时的时间，马上盘底朝天。我愣住了。一个上午的精心制作，就这样祭了五脏庙！一时之间很难接受。算了，觉得做菜的成就感和努力不成比例，显然我不适合当厨师。

拍照好了。我买了人生的第一部单眼相机[②]，要朋友教我，朋友噼里啪啦讲了一堆，什么光圈啊，快门的，还有构图，我统统莫宰羊[③]。我没有参加课程，买了书自己摸索。

数字相机就这个好处，拍坏了，删掉就好了。我兴致勃勃地将还可以的作品放上 Face Book，大家捧场来按赞，让我沾沾自喜。后来才知道，那时候的"习作"啊，真的只是习作。

种子音乐还在我手中，拍照只能当作兴趣，玩玩就好。

千里迢迢，开车下美浓[④]，我想拍满地的油纸伞，也想拍师傅专注的神情。

"喔，现在已经没有人在画了，都是从大陆进来……啊，有，还有一位奶奶在画。"

依着当地人告诉我的住址，我找到了奶奶的工作室，但是大门深

---

① WEDGEWOOD：著名欧洲厨具品牌，英国皇室的御用瓷器提供商，以品质优良、设计精美著称。
② 单眼相机：Single-lens reflex camera，中文全名一般翻译为单眼反射式相机或单镜头反光相机，在大陆地区通常简称为单反。
③ 莫宰羊：闽南语中不记得、不知道的意思。
④ 美浓：美浓镇位于台湾南部城市高雄，以客家文化闻名。

锁。不死心，下午再去，终于找到这位七十多岁的老人家。

"奶奶，请问你是什么时候开始画的？"我想，奶奶大概从小就被逼着学，不小心画了一辈子。

"喔，我大概六十岁才开始学。"我先被吓了一跳，接下来心中闪过一股羞愧。

"人家老奶奶六十岁才开始，可以画得这么好，我才四十几岁，学摄影就只想玩玩而已？太丢人啦。"我暗暗地想。

"奶奶，请问你为什么要学画油纸伞呢？"

奶奶说，这是客家人^①的文化，慢慢地就要失传了。为了不想让宝贵的文化消失，就努力去学，动手去画，以后还要传给下一代，继续传承下去。

心中震撼。奶奶早就可以享清福了，却背负着文化使命感，对自己生长的土地念兹在兹，努力做一件可能没有任何回报的事。那我呢？

猛然惊觉，四十多年来，我或起或伏，都只为自己汲汲营营，从来不曾对这片土地付出什么。但老奶奶的价值观，显然不在自己身上，而在文化和传承上。

老奶奶给我的震撼教育，一时难以平复。我随意在小镇街上走走逛逛，顺便整理一下思绪。

看到有人在做蓝衫^②，是客家人的传统服饰，过节时候穿的。觉得好奇，就跟老板娘钟大姐攀谈了起来。

---

① 客家人：中国南方广东、江西、福建、广西、台湾等本地族群的主要组成部分。
② 蓝衫：客家人传统服饰，又称"大襟衫"。蓝衫的重要原料蓝布源头染布业也是美浓重要产业文化之一。

原来钟大姐和她先生，过去在内湖科学园区 ① 工作。有一天，钟大姐一百零一岁的公公打来一通电话，语气很严肃。

"我要把蓝衫的技艺传给你，你再不回来，就没有人会做了。"

钟大姐和先生真的把科技新贵的身份放下，回到乡下，开始学做蓝衫。

难道蓝衫有利可图？不，那是过节的礼服，平常不会穿，当然也不会天天有人买。客家人也许有人会买一套以备不时之需，有的人根本不准备，那是不会赚钱的事业。

"这项传统技艺，不能让它消失……"钟大姐语重心长地这么说。

美浓的两场奇遇：上帝对我说话

接连两次的触动，我觉得上帝在对我说话，而且声音相当洪亮。从她们身上，我看到了和我很不一样的价值观。也许，除了她们之外，台湾还有许多角落，有不少人正默默地为我们居住的这块土地和文化努力。

我可以做些什么？也许从摄影开始。第一步，先把光圈、快门、构图等基本理论搞懂，拿出刚入行音乐的学习热忱，一定要学好。

我的办公室，贴了一张偌大的台湾地图。我在美浓的位置，钉上了第一颗彩色图钉。

美浓是我的起点，从这儿，我的心重新出发。我要拿着单眼，和我心灵的眼睛，走遍台湾每个角落，发掘过去从没注意过的美丽与各

---

① 内湖科学园区：位于台北市内湖区西南隅，是台湾第一座由民间投资及政府放宽产业进驻而发展出来的科学园区，有多所全球知名企业在此落户。

地可爱的人们对话。台湾地图，有一天会全部钉满彩钉。

过了三四个月，对于摄影，我开始摸到了一点窍门，也比较有感觉了。我把照片放上Face Book，写了一段话，是拍照当下的感受。"赞"逐渐累积，从几十个，变成几百个，我有点惊讶，这么多的赞，是从哪里来的？

Face Book 私信栏的数字，也开始往上跳。愈来愈多的人发讯息给我。

"丰哥，我今天心情很不好，谢谢你PO的这段话和这张照片，带给我很大的安慰……"

"谢谢你PO这张照片，很有意境，你写的诗，说出了我想讲的感觉。"

我发现，原来摄影不只是兴趣，它是有意义的。如果我继续拍下去写下去，是不是可以变成一本书？让更多人看见，安慰他们的心。

或许，可以用《丰和日丽》这样的书名，把我的名字"丰"嵌在里面，联结"风和日丽"的台湾。

找了城邦集团的春光出版社，谈谈这本书。

"田总，经过我们的市场调查，这类书在台湾很难卖。"

"那么，大概可以销售几本？"

"大概三百本左右。"

只有三百本，怎么办？我思索着这个数字，和Face Book PO 的图文动辄数百甚至上千的按赞数字似乎相互矛盾。

"如果我们帮忙做营销，用不一样的方式试试看，保证会售出三千本以上，你们觉得如何？"

"好的，我们相信田总的营销能力。"

分担了卖书的责任，但我心里做了最坏的打算。如果销售不如预期，就把卖不完的书买回来好了，不能让出版社赔钱。

其实在《丰和日丽》的拍照过程当中，已暗藏了营销的伏笔。

"一起出去玩玩，兜兜风吧。"

我常邀请旗下的艺人一起参与，提醒他们，人来就好，不必做造型。

"和丰哥出去了一天，结果书里，只出现了一张我的背影……"周传雄半开玩笑地跟我抱怨。

为什么这么做？因为我摄影的主题，是表现台湾这块土地的生命力，而不是亮丽的明星。如果我的书，放上漂亮的明星照，反而失去书的本质，模糊了焦点。

但让艺人出现在照片的角落，焦距不在他们身上，甚至连脸都没出现，却可以制造营销话题。

"猜猜从猴硐隧道口①走来的人是谁？是戴佩妮，没猜到吧。"

"看！瑶瑶在这儿。"

唱片公司老板放下事业，拍出对台湾的感情，加上旗下艺人纷纷入镜成为配角，这件事引起主流媒体的兴趣，达成很好的宣传的效果。

原来摄影图文，可以激励孩子的梦想

另外，从 Face Book 上的回馈，我明白，我的图文对人，尤其是

---

① 猴硐隧道口：坐落于台湾新北市瑞芳区，为近年来新崛起旅游观光地，有猴硐猫街与光复里柴寮路山村民宅古街等景点。

年轻孩子有激励的力量。那么，就到全省各地学校演讲吧。

"同学看看这张照片，会不会觉得跟你印象中的野柳不太一样？为什么呢？这就是不同的角度。"

"以不同的角度去观看，常常会发现不同的风景。人生是不是也一样？碰到不愉快的事，如果能换个角度想，有时候会发现，其实挫折的背后，也有祝福。"

"还有，为了拍照片，我会在同一个地方等很久，有时候花了一天，有时候一天下来也等不到自己要的，那就隔天再来。你们看，等着等着，就等到那一片如同编织的云层。"

"有时候，人生也要等待，急也没有用……"

我一站一站地演讲，希望能让孩子们梦想的眼睛亮起来。

有一天，我走在路上，有个学生热切地向我打招呼。

"想不到会在路上遇见你……太开心了。我要谢谢你，你的书激发了我的梦想。我骑脚踏车环台，已经达成了。"

"好棒。"当下，我也是眼睛发亮。

有一站到了世新大学①，演讲后，有一个小女生，心事重重地向我走来。

"看了你的书以后，我和我男朋友约定，要走遍你书里的每一个地方。但是，他出了车祸走了……可是我没有忘记这个约定。所以，今天我来了这里。"

我给哽咽的她一个拥抱。

这本书引起的反应，就这样一个接一个。本来以为没什么的图文

---

① 世新大学：位于台北市，是台湾排名第一的传媒类大学。多次被台湾教育部门评定为教学卓越大学。

分享，竟然在别人的心中不断地发酵。也许，分享就像耶稣分饼的奇迹一样，饼愈拨，就变得更多。五个饼，最后喂饱了几百人，剩下的，还装了好几篮子。

《丰和日丽》达到八刷的销售成绩，打破了艺术类书籍的纪录。

有人问，将"培育"十八年的种子音乐出让，不是太可惜了？为什么不像有些企业家一样，只管公司的大方向，充分授权专业经理人，拥有许多的闲暇，从事自己的兴趣。

我觉得，任何的创作，都要让自己安静下来，才能听到内心深处的声音。继续经营公司，需要决断的事情如过江之鲫，不会有时间静下来，细腻的感受一闪即逝，很快地就被遗忘。

放下之后，我才真正确定，我是很有感觉的一个人。真实的我，以前被隐藏了。现在的我，用真正的自己，和拍摄对象对话，映照回来，让我更认识自己。这是很棒的过程，而且这段过程，还是进行式。

旅游，推动自己的生命前进

每次的旅游，都在推动自己的生命前进。

出发前，我没有为自己设定，要获得什么，因此每种获得，都是惊喜。我与人接触，听他们的故事，感受到的张力，愈来愈强。

我出国，不是为了玩。

很多人出国旅游是为了放松，所以要住好饭店，行程要够丰富。但短暂的放松后，回来上班，又进入忙碌的循环，疲惫不堪。理由是什么，就是无法安静。

现在，我最安静的时候，就是旅游的时候。

我可以一整天，安安静静地坐着，观察周围的人，思考自己。很多东西会从心里涌出，得以反刍自己的人生，更扎实地经历生命中的每一步。

有份医学报告说，人的一生只用脑5%。我想，人的一辈子，用心恐怕也只有5%。安静下来之后，才慢慢发掘自己其余尚未开发的部分，发现，原来自己拥有未知的能力。

下一本《丰和日丽》，将是我看世界的影像、文字的悸动。

进入陌生的国度，很奇妙，自然地就从自己的局限中走出来。看看截然不同的生活态度，甚至和自己不同的"局限"，都可以使我豁然开朗。

地点的选择，随着心出发，都与人文、历史和丰富的故事有关。我不去纽约或巴黎，而前往南美、秘鲁和复活节岛，一般旅游行程较少安排的地方，总是引起我的好奇。

去印度，我不想去德里，却深入菩提加耶①和瓦拉那西②。因着一股强烈的召唤，我迫不及待的探访西藏和越南。

那都不是光鲜亮丽的地方，很多甚至是要付出相当代价才能活下去的地方。但在那里，在艰困环境下，我在受苦人们的脸上，看到了亮光。

---

① 菩提加耶：佛教诞生地，又称菩提道场等。为佛陀成正觉之地。位于印度比哈尔南部伽耶市近郊七公里处之布达葛雅，面临恒河支流尼连禅河，佛陀入灭后，历代纷纷在此起塔供养，建造精舍伽蓝，虽屡遭毁坏，迄今尚存多处遗迹。
② 瓦拉那西：又称贝拿勒斯，位于印度北方邦东南部，坐落在恒河中游新月形曲流段左岸。主要名胜古迹有：恒河浴场、印度金庙等。释迦牟尼初转法轮的鹿野苑就在瓦拉纳西附近，耆那教的两个教长也诞生在附近，故该市已成为印度教、佛教、耆那教的重要圣地。

我的音乐梦，让我付出了二十三年的岁月。接下来这座新的梦想大山，我要爬多久呢？

过去我追求梦想，总是把两三步当作一步在跑，远远地把别人抛在身后。现在爬新的梦想大山，我要用心，慢走。身旁的景物会对我说话，我的心也会跟我对话。这样慢慢地，可能至少也要二十年吧。

接下来呢？还是跟随着心走吧。

关键词辞典

1. 归零——回归自己，安静下来，去听内心深处的声音。

2. 起点——把自己当作一张白纸，重新学习，再次出发。

图书在版编目（CIP）数据

人生岂能辜负：翻转命运的66个关键词 / 田定丰 著. — 北京：东方出版社，2016.4

ISBN 978-7-5060-9009-4

Ⅰ.①人… Ⅱ.①田… Ⅲ.①成功心理—通俗读物 Ⅳ.①B848.4-49

中国版本图书馆CIP数据核字（2016）第081449号

人生岂能辜负：翻转命运的66个关键词

（RENSHENG QINENG GUFU:FANZHUAN MINGYUN DE 66 GE GUANJIAN CI）

作　　者：田定丰
责任编辑：张军平　王绍君
出　　版：东方出版社
发　　行：人民东方出版传媒有限公司
地　　址：北京市东城区东四十条113号
邮政编码：100007
印　　刷：北京中新伟业印刷有限公司
版　　次：2016年5月第1版
印　　次：2016年5月第1次印刷
印　　数：1~15 000册
开　　本：660毫米×980毫米　1/16
印　　张：15
字　　数：162千字
书　　号：ISBN 978-7-5060-9009-4
定　　价：36.00元
发行电话：（010）85924663　85924644　85924641